中等职业教育课程改革创新教材

中职中专服装设计与工艺专业系列教材

服装设计款式图表现

武文斌　李海钱　编著

科学出版社

北　京

内 容 简 介

本书重点讲述服装造型设计的方法及服装造型设计的基本表现。项目1简单介绍了设计师的工作环境与基本工作任务，对工作任务中绘制服装款式图的基本要求进行了阐述，同时对服装设计制单的内容进行了描述。项目2、项目3主要是分类讲解服装款式造型设计与表现方法：项目2为男、女下装的款式表现；项目3为男、女上装的款式表现。上、下装依据着装人体部位的不同特点，以一个正方形为比例参照，既能快速画出人体上、下部位的模型，也能快速画出款式造型的基本框架，在人体模型和款式造型框架的基础上根据造型设计的构想能快速画出款式图，这两个项目是本书重点，也是一种设计手段上的创新。项目4简述了设计师进行造型设计时的基本要求并列举了实际工作的案例。

本书将理论与实践紧密结合，实用性强，可作为中职学校服装专业学生的学习用书，也可作为服装从业者学习服装款式设计的参考用书。

图书在版编目（CIP）数据

服装设计款式图表现 / 武文斌，李海钱编著. —北京：科学出版社，2017

（中等职业教育课程改革创新教材•中职中专服装设计与工艺专业系列教材）

ISBN 978-7-03-048734-6

Ⅰ.①服… Ⅱ.①武… ②李… Ⅲ.①服装设计-中等专业学校-教材 Ⅳ.①TS941.2

中国版本图书馆CIP数据核字（2017）第108779号

责任编辑：陈砺川 王会明 / 责任校对：王万红
责任印制：吕春珉 / 封面设计：东方人华设计部

科学出版社 出版
北京东黄城根北街16号
邮政编码：100717
http://www.sciencep.com

北京中科印刷有限公司 印刷
科学出版社发行 各地新华书店经销

*

2017年6月第 一 版 开本：889×1194 1/16
2022年1月第三次印刷 印张：8 1/2
字数：198 000

定价：45.00元

（如有印装质量问题，我社负责调换〈中科〉）
销售部电话 010-62136230 编辑部电话 010-62135397-2008

丛书编写指导委员会

前言

服装教育教学改革一直以来都在不断地进行。通俗地说，服装教育就是围绕有关服装产品开发、生产、营销过程的一种专业化教育。服装行业设置有许多工作岗位，学生能否胜任这些岗位的工作是服装教育成败的关键。培养学生上岗工作的职业道德、岗位职责、技术技能、沟通应变等能力是服装专业教育教学要解决的问题。传统教育模式更多解决的是相关理论及技能基础等方面的问题，而本书在传统模式理论联系实践的基础上更注重培养学生的创新能力，同时注重通过对社会、学校、企业、市场的有机结合来实施综合性的一体化教学，培养学生的综合职业素养。

一体化教学是指理论结合实践，教中做、做中教，学中做、做中学；是融会贯通所有教学环节，把培养学生职业能力的理论与实践相结合的教学作为一个整体来考虑，围绕职业能力整体培养的目标，来制订教学计划和大纲，通过各个教学环节的落实来保证整体目标的实现。一体化教学使教学从“知识的传递”向“知识的处理和转换”转变，使教师从“单一型”向“行为引导型”转变，使学生从“被动接受的模仿型”向“主动实践、手脑并用的创新型”转变，使教学组织形式从“固定教室、集体授课”向“室内外专业教室、实习车间”转变，使教学手段从“口授、黑板”向“多媒体、网络化、现代化教育技术”转变，使教学环境从“课室、实训室、校园”向“市场、企业、社会”转变。一体化教学模式能真正体现职业教育的实践性、开放性和实用性。

本书以设计师的工作任务为导引组织内容构架，注重对学生职业能力的培养，通过引导学生完成服装设计款式图绘制的过程，带领学生逐步进入服装设计的职业角色。本书理论讲解适度，方法与实践并重，创造性地为设计人员解决绘画款式图的技术性问题，即先把人体用数据模型绘制出来，再套画款式图，使设计人员，尤其是初学者可以将更多的时间用于造型的创意上。

本书分为四个项目。第一个项目是熟悉服装设计工作任务与环境。学生尝试作为设计师来完成自己设想的服装款式造型，再到设计公司实地参观考察，熟悉服装设计的工作任务和工作环境，使学生能够逐渐进入工作角色。

第二个项目和第三个项目分别是男、女下装款式图表现和男、女上装款式图表现。这两个项目通过典型尺寸、典型款式的款式图绘制，使学生掌握服装款式图表现的方法与技能；另外，安排了一些款式欣赏以及拓展款式的款式图绘制，同时要求学生完成生产制单，为将来的就业上岗做充分准备。

第四个项目安排学生完成款式造型设计实践。从基于设计任务进行信息收集与处理，到款式造型绘制并设计任务书；从任务书到完成成品工艺制单并制作成品，再到实行产品终端管理，最后对学生的综合实践考核评分，使学生以设计师的角色完成一个将产品从设计到陈列销售的工作过程。

本书是服装设计与工艺专业课程改革创新系列教材中的一本，由武文斌、李海钱编著。在本书的编著过程中唐铁罗、姜哲、龚苹、李填、江少蓉、江平、李军、胡蓉蓉、陈凌云、肖银湘、钟柳花、洪雪娟、潘婧、汤小连提出了宝贵的意见和建议，还得到有关专家和学者的鼎力支持，在此一并表示衷心感谢。

由于编者水平有限，书中难免存在疏漏和不足之处，敬请专家和各位读者批评指正。

目　录

项目1 熟悉服装设计工作任务与环境

项目学习目标

学习目标

基于设计师岗位工作，学习相关服装款式类别、造型变化、款式图的要求与设计单等基本知识。

相关知识

服装是人体的包装设计。它是流动的艺术，活动的建筑，也是春、夏、秋、冬季节变化在人身上的体现。人们随季节的变化，来改变服装的款式造型、色彩和质地，根据环境场所的不同来穿着适宜的服装。设计师能根据服装形态、功能、材料、色彩、制作方法和穿着方法等的不同设计出不同风格款式的服装。通常，服装效果设计表现的方法有两种：一种是效果图，一种是款式图。

款式图就是生产图，也就是表现人体着装效果、服装平面结构的一种细化表现图，是用于指导服装生产的图样语言。生产图用于实际生产当中，在款式图的基础上添加了一定的可供操作参考的图解与说明。

项目任务

1. 感知服装设计
2. 了解服装类别和基本造型
3. 了解款式图的表现要求
4. 了解服装设计制单方法

任务 1.1 感知服装设计

【任务要求】　根据自己对着装的理解、要求和经验，模拟设计任意类别的一个款式，并用款式图表现出来。

任务导引：当设计师并不难

服装设计就是把设计者所设想的服装变成实物的过程。社会生活中常见有中、小学生环保服装设计大赛、创意服装设计大赛之类的活动，很多参赛选手都没有专门学过服装设计，也没有进行过系统的专业训练，他们之所以能设计出各式各样的服装，是因为服装与我们的生活是息息相关的。每个人对服装都有一定的需求和想法，当人们将其用图像或实物的形式表现出来，服装设计便形成了。

对于服装设计师而言，主要的工作就是将自己以及人们的需求和想法通过产品表现出来。不管专业与否，只要有想法且能够表达自己的设计意图，就能实现自己的设计梦想。如图 1.1 ～图 1.4 所示为一些非专业选手的服装设计作品。

图 1.1
小学生环保服装设计

图 1.2
环保创意服装

图 1.3 大学生环保服装大赛（一）

图 1.4 大学生环保服装大赛（二）

实践与操作：第一次当设计师

1 了解服装设计场地

服装设计所用场地如图 1.5 ～图 1.8 所示。

图 1.5 多媒体教室

图 1.6 服装打板室

图 1.7 画室

图 1.8 服装设计工作室

2 准备绘图工具

款式图的绘制工具：铅笔、钢笔、针管笔、直尺、曲线板、橡皮、纸张、颜料等，如图 1.9 所示。

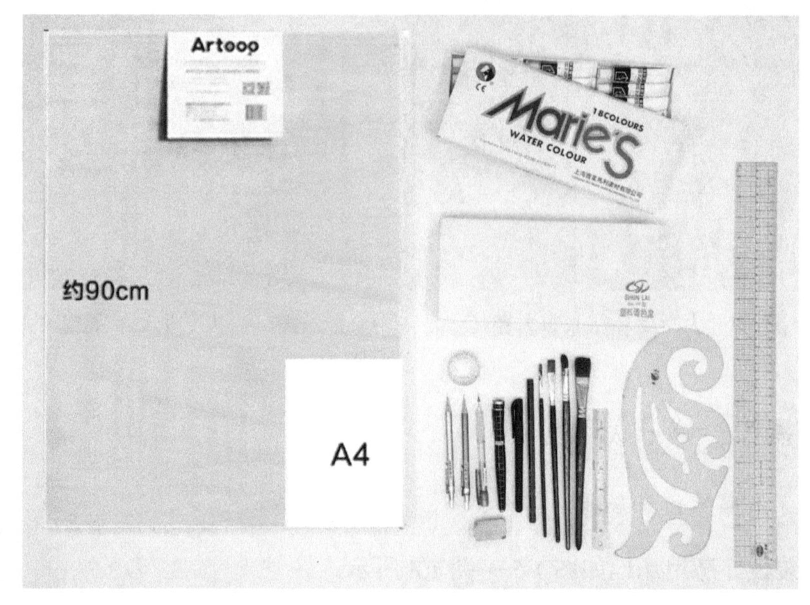

图 1.9
绘图工具

3 认识服装缝制用具

服装的缝制用具：工作台、人台、面料、针线、缝纫机等，如图 1.10 ～图 1.14 所示。

图 1.10　工作台

图 1.11　人台

图 1.12　面料

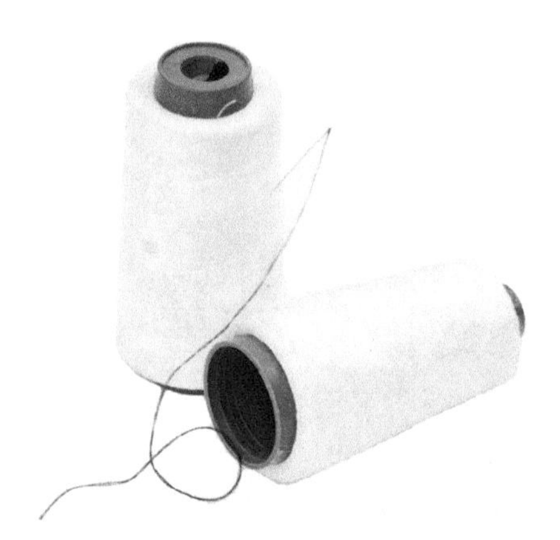

图 1.13　针线

图 1.14　缝纫机

4 任务分步骤实施

第一步：用文字或语言描述出所设想的服装款式造型与结构特点。

第二步：把所设想的服装款式动手画出来。

第三步：直接利用人体模型，把设想的款式在模型上做出来。

第四步：写出想法且画出来，最后在人体模型上做出来。

5 结果评点

通过任务分步骤实施的过程，可以了解到服装设计师的基本工作流程为：描述所设想的款式造型与结构特点→把设想的服装款式画出来→在人体模型上把款式图做出来。

参观学习：到设计师工作环境实地考察

通过参观、学习了解设计师的工作环境、工作任务以及工作任务流程。

1 服装设计师的工作环境

服装设计师的工作环境如图1.15～图1.23所示。

图 1.15　设计总监办公室

图 1.16　设计师办公室

图 1.17　设计师正在进行设计

图 1.18　辅料陈列架

图 1.19　服装制版室

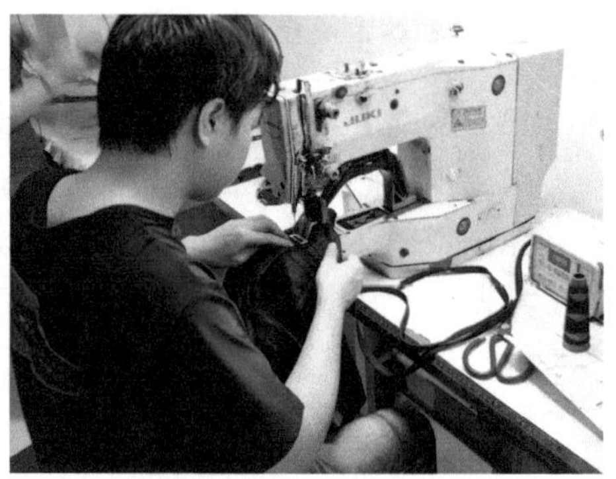

图 1.20　样板制作

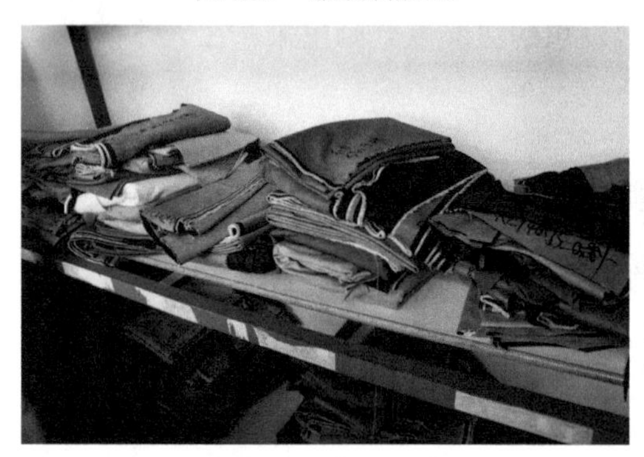

图 1.21　牛仔面料

图 1.22　服装陈列橱窗

图 1.23　服装展厅

2 服装设计师的工作任务

服装设计师是指对运用线条、色彩、色调、质感、光线、空间等艺术元素，来对服装进行艺术表达、结构造型和成品雕塑的人。

服装设计师的工作内容和职责包括以下内容。

1）负责管理某品牌产品的设计方向。

2）确定初步设计定型。

3） 以专业需求、功能性和时尚元素为设计基础，确保设计的产品能够满足公司产品市场定位。

4） 按规定时间完成产品系列设计图稿。

5） 确定面辅料、跟进初版制作完成。

3 服装设计师的工作任务流程

1）通过各种媒体和现场发布会收集流行资讯，包括时装发布会、服装流行主题、服装流行色等。

2）有针对性地进行区域市场调查、商场调查和目标品牌调查，以服装产品的旺销程度为主线思路写市场调查报告。

3）联系面料商，参加面料展会，收集流行面料色卡。

4）结合市场调查结果和流行资讯，与设计总监共同确定产品开发主题和开发计划书，同时确定设计师个人负责的项目开发计划书。

5）调整并明确设计思路，绘制服装款式图并确定面辅料，接受设计总监的总体指导和建议。

6）与板型师沟通设计意图，控制样衣板型式样和制作进度。

7）协调板型师和样衣工的工作，控制样衣的工艺方法和质量。

8）样衣完成后，参与调整样衣板型，修改样衣上不理想的工艺方法。

9）整盘服装的调整期间，初审会和内审会听取总经理等人的意见，共同确定调整方向。

10）参与服装产品订货会，听取各区域市场人员和代理商的意见，为下一次的产品开发做准备。

学习感悟：如何做一名优秀的服装设计师

1. 要重视专业资料和各类信息的收集和整理。
2. 要善于在模仿中学习提高。
3. 不断提高审美能力，树立起自我的审美观。
4. 要尽快让自己变得敏感起来。
5. 要尽快让自己变得时尚起来。
6. 要主动为自己创造实践的机会。
7. 要学会与人沟通、交流和合作。

服装设计师成长必经的三个阶段：学习、积累、创新。

任务 1.2 了解服装类别和基本造型

【任务要求】　　了解服装类别，理解服装基本造型。

理论与方法：服装类别和基本造型

1 服装类别

服装类别很多，主要根据性别、年龄、季节、功能、材料、结构等的不同来进行分类。一般情况下人们可以对服装进行如下分类。

（1）内衣（胸衣、内裤，如图 1.24 所示）

图 1.24　内衣

（2）背心（如图 1.25 所示）

图 1.25　背心

（3）上装（如图 1.26 所示）

图 1.26　上装

（4）裙子（如图 1.27 所示）

图 1.27　裙子

（5）裤子（如图 1.28 所示）

图 1.28　裤子

（6）连衣裙（如图 1.29 所示）

（7）连衣裤（如图 1.30 所示）

图 1.29 连衣裙

图 1.30 连衣裤

（8）外套等（大衣、风衣）（如图 1.31 所示）

图 1.31 外套

2 服装款式的基本造型

服装款式的基本造型一般可分为 A 形、V 形、H 形、X 形和 O 形，如图 1.32 ～ 图 1.36 所示。

图 1.32
A 形：△△
特点：上小下大

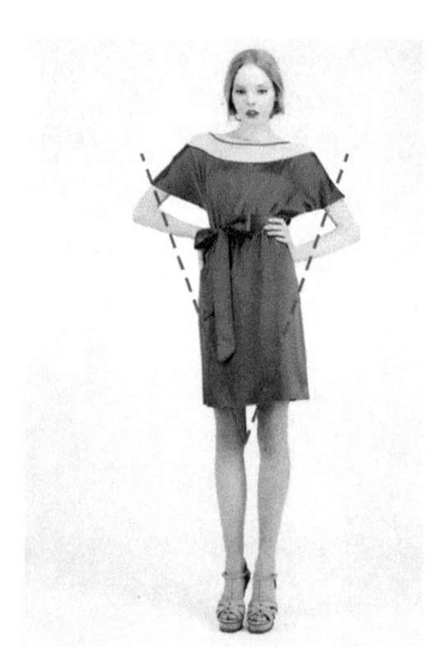

图 1.33
V 形：▽▽
特点：上大下小

图 1.34
H 形：
特点：上下等大

图 1.35
X 形：
特点：上下大中间小

图 1.36
O 形：
特点：上下小中间大

任务 1.3 了解服装款式图的表现要求

【任务要求】

1. 了解服装款式表现的依据。
2. 知道如何分析服装款式的特点。
3. 知道服装着装效果与款式表现的关系。
4. 了解服装款式表现的内容。

理论与方法：服装款式图表现的基本要求

1 服装款式图的来源

服装款式图可以从直接设计、源自成衣、图片资料、效果图等方法或渠道获得，如图 1.37 ～图 1.40 所示。

图 1.37
直接设计

图 1.38
源自成衣

图 1.39
图片资料

图 1.40
效果图

图 1.41 非常紧身

图 1.42 紧身

2 款式特点描述

服装款式图中需要附加对所设计款式的主要特点的描述，主要有款式的外形、部件、内部结构及装饰物件的特点。

3 着装效果与款式表现的关系

着装效果主要是指成衣着体后，不同松量所呈现出的效果，如图 1.41 ～图 1.45 所示。松量主要指胸围（B）、臀围（H）的加放量相对应的结果，如表 1.1 所示。

图 1.43 宽松

图 1.44 舒适

图 1.45 合体

表 1.1　成衣效果对应的松量　　单位：cm

部位 \ 着装效果		非常紧身	紧身	合体	适体	舒适	宽松	非常宽松
胸围	B	0 以下	5	10	15	20	25	30 以上
臀围	H	0 以下	5	10	15	20	25	30 以上

为了进一步了解人体结构与服装结构的关系，下面列举男、女人体净体尺寸表，为人体模型的绘制及效果的对比提供参考，如表 1.2 和表 1.3 所示。

表 1.2　常见人体净体尺寸参考表（男）　　单位：cm

部位 \ 身高		160	165	170	175	180
肩宽	S	43	44	45	46	47
腰节高	WH	43	44	45	46	47
臀围	H	91	93	95	97	99
胸围	B	90	92	94	96	98

表 1.3　常见人体净体尺寸参考表（女）　　单位：cm

部位 \ 身高		150	155	160	165	170
肩宽	S	38	39	40	41	42
腰节高	WH	38	39	40	41	42
臀围	H	82	85	88	91	94
胸围	B	76	79	82	85	88
腰围	W	60	62	64	66	68
胸宽	BFL	30	31	32	33	34
胸高	BP	23	23.5	24	24.5	25
背宽	BBL	32	33	34	35	36
臀高	HH	18	19	20	21	22
乳距	BPL	18 ～ 20				

服装款式图在实际生产中所起的作用是方便各个部门在生产过程中的沟通，主要是设计师、板师、工艺师、物料采购人员之间的沟通，这就要求设计人员把握款式效果的同时，对人体净体尺寸和成品尺寸之间的关系要有一定的理解和掌握。

实践与操作：一个服装款式图实例

服装款式图要求表现出所设计服装的正面图、背面图、明细图、工艺特点与装饰物件等，如图 1.46 所示。

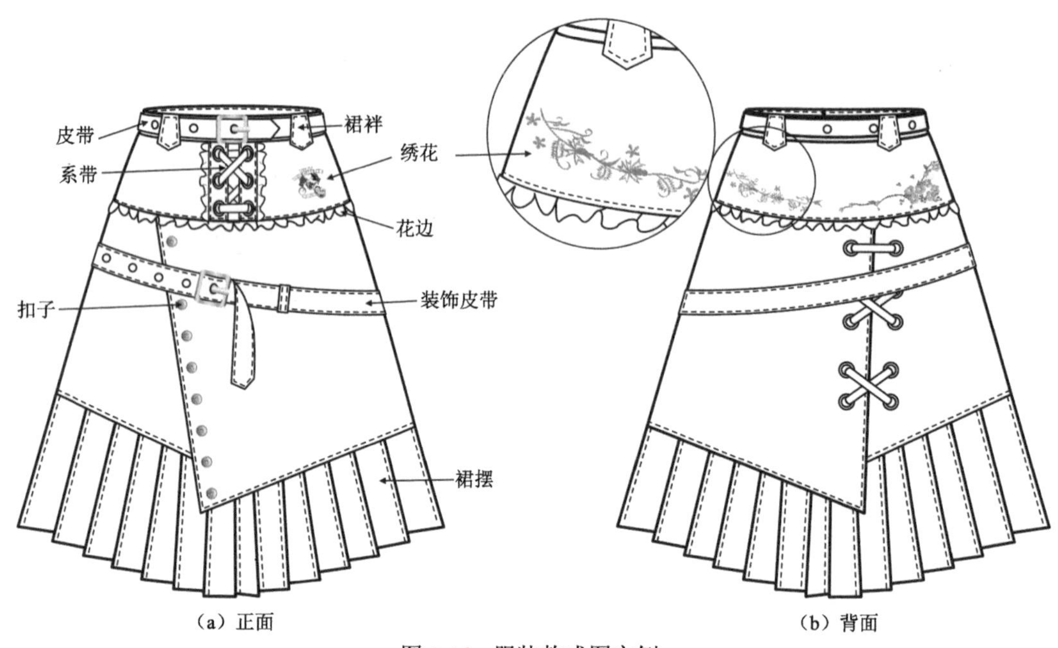

图 1.46　服装款式图实例

任务 1.4 了解服装设计制单方法

【任务要求】　知道服装设计制单的表现形式和内容，并能自己设计制单。

理论与方法：生产制单的版式与内容

1 生产制单

凡是用于指导生产的图表语言都称为生产制单。实质上款式设计图稿就是一种生产制单。

2 制单版式与内容

设计制单的版式分为横式和竖式两种，如表 1.4 和表 1.5 所示。

设计制单的基本内容如下：

公司名称——指制单的 ××× 公司。

款式名称——指款式依据其特征的命名，如碎花短裙、男平驳头西装等。

款式代号——指依据各公司，对内、对外方便识别的要求，用字母和阿拉伯数字组合起来的代号，如2018—T—3001，可以解释为2018年3号设计师设计的第一款裤子。各公司对代号的定义方式有所不同。

规格尺寸——通常指成品主要部位尺寸的大小。

服装款式图——就是表现服装效果的一种图形方式，注重对服装结构与工艺的描述，通常称作生产图，主要用于指导生产和与客户交流。

设计说明——主要描述制单中款式的特点或设计者的特定要求。

工艺要求——指对制单中款式的缝制和加工等工艺的硬性规定。

面辅料样——指制单中款式所用面料或辅料的小样。

设计师签名——指明制单中款式的设计者。

审签——主要指制单是否打样或是否有生产的指示。

表1.4　横式制单

××服饰设计稿						
款号：N—2018—1866号	调整：Nthstation	件数：600件	规格：	单位：cm		
款式：男士T恤	零售价：　元	交货日期：2018年6月28日	部位	S	M	L
领子压0.6cm的单线 五线机制作 印花 左侧线脚边上来15cm			胸围	94	98	102
			肩宽	40	41	42
			衣长	60	62	64
			设计要求：整件衣服，前后幅主色用黄色，袖子用绿色，前幅球印花用黑白色。数字用绿色，领子用黄色罗纹，袖口、脚边用缶车做。四线及骨、领口压0.6cm的单线。		工艺要求：此款领口为罗纹领，领圈压线宽度为0.6cm的单线；脚边与袖口用冚车压线，距边线宽度为2cm，两线间距0.5cm；印花工艺采用胶浆、植绒。	
			面料：		辅料：	
设计师：		审签：				

表1.5　竖式制单

××服饰设计稿		
款号：N—2018—1866号	调整：Nthstation	件数：600件
款式：男士T恤	零售价：　　元	交货日期：2018年6月28日

设计要求	工艺要求	规格：	单位：cm		
设计要求：整件衣服，前后幅主色用黄色，袖子用绿色，前幅球印花用黑白色。数字用绿色，领子用黄色罗纹，袖口、脚边用缶车做。四线及骨、领口压0.6cm的单线。	工艺要求：此款领口为罗纹领，领圈压线宽度为0.6cm的单线；脚边与袖口用冚车压线，距边线宽度为2cm，两线间距0.5cm；印花工艺采用胶浆、植绒。	部位	S	M	L
		胸围	94	98	102
		肩宽	40	41	42
		衣长	60	62	64

面料：	辅料：
设计师：	审签：

作业布置：参观服装公司设计部后自创设计制单

1. 到服装公司设计部参观学习。
2. 模拟为自创的设计公司设计制单。

项目2 男、女下装款式图表现

项目学习目标

学习目标☞

掌握下装的款式表现方法。设计表现出裙子、裤子款式造型的平面着装效果图，为设计制作成品裙子、裤子提供效果参考的生产图。

相关知识☞

1. 裙子款式设计是腰部以下人体的包装设计。裙子与腰、臀关系密切，腰口贴合、满足包装臀部的需要是设计关键。裙子的着装造型变化丰富，有较大的设计创意空间，不同的裙子造型和长短各异，能呈现出不同的风格效果。

2. 裤子款式造型设计是腰部以下人体双腿分开的包装设计。裤子除满足腰口贴合、包装臀部的需要之外，双腿需分别包装并造型。与裙子设计不同，裤子在设计时要充分考虑裤脚筒在人体上呈现出的着装效果，通过长短、粗细等设计，可以体现出各种风格。

项目任务☞

1. 了解人体与下装款式的关系
2. 裙子款式图表现
3. 裤子款式图表现
4. 课堂训练与课后练习

任务 2.1 了解人体与下装款式的关系

【任务要求】 熟知人体下身腰、臀、腿等部位的结构，并能画出下身模型；了解下装结构与人体结构的基本关系。

理论与方法：下装款式图与人体结构的关系

1 裙子包装部位的人体结构与人体模型

人体结构描述：腰、臀部呈上小下大的圆台状，前平、腹微凸，后腰凹进、臀凸起，侧面腰至臀呈弧线外凸。下面讲述人体下身模型绘制步骤与方法，如图 2.1～图 2.5 所示。

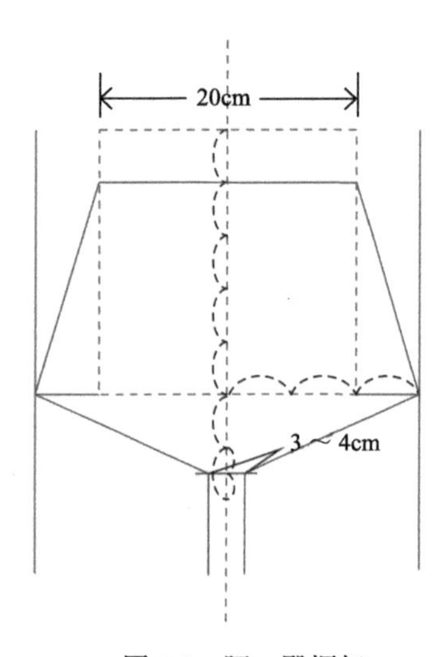

图 2.1 腰、臀框架

第一步：画出腰、臀框架，如图 2.1 所示。

方法：20cm 接近标准人体腰宽和臀高的尺寸，故以 20cm×20cm 画出方框，以此规格方框为参照，将方框两边各延伸 5cm 得到臀宽 30cm 左右，如图画出腰、臀框架。因为女性腰宽接近一个头高，也就是 22cm 左右，同时 160cm 身高的人腰围在 64cm 左右，如果除以 3.14 等于 20cm 多一点，臀高差不多就为 20cm。所以，为了理解和制图的方便，就选定 20cm×20cm 的方框作为参照来导引其他部位的数据。

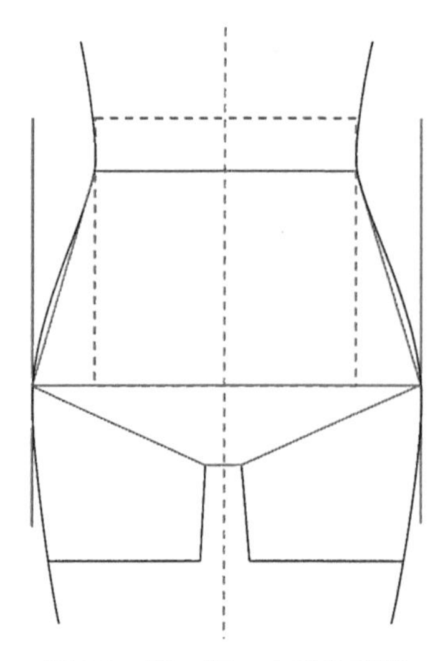

图 2.2 腰、臀、大腿外廓线

第二步：画出腰、臀、大腿外廓线，如图 2.2 所示。

方法：参照人体外廓线，基于制作人体模型适当补整的原则，画出模型腰、臀、大腿外廓线。

第三步：画出模型正面各部位截面图，如图 2.3 所示。

方法：人体左右基本对称、前后不同，按腰以下在人视线之下，也就是以俯视角度及透视原理画出各部位截面图。

第四步：绘制人体模型背面图，如图 2.4 所示。

方法：外廓线与正面一致，依据人体腹股沟和臀裂沟的结构来画。

第五步：画出人体模型侧面图，如图 2.5 所示。

方法：以 20cm×20cm 的方框为基础，参照人体前后不同的变化，按图标示画出侧面图。

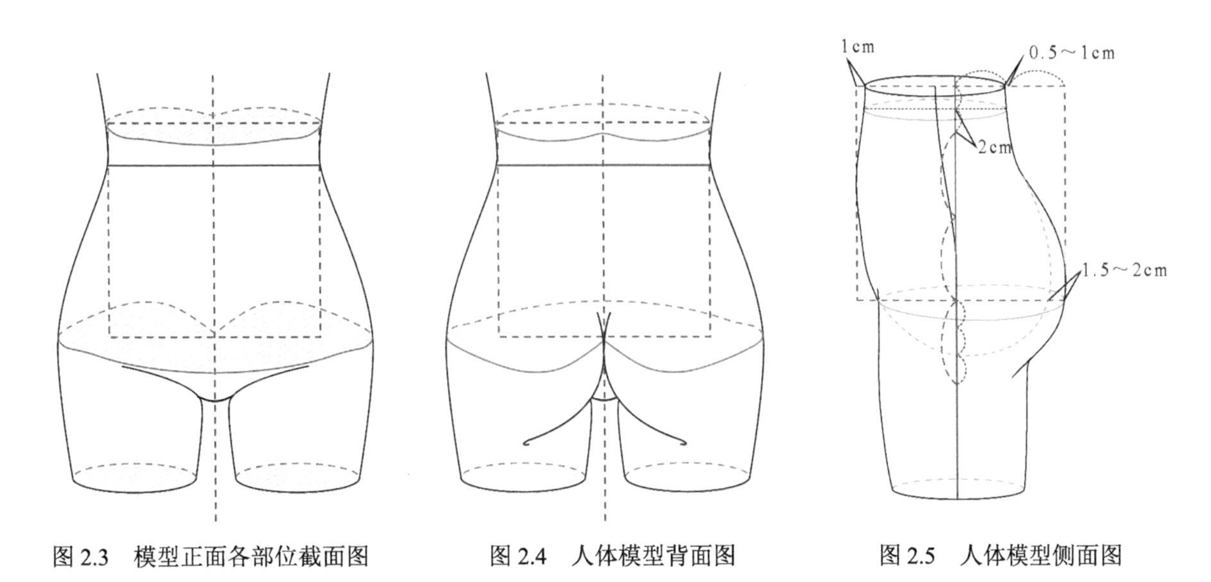

图 2.3　模型正面各部位截面图　　图 2.4　人体模型背面图　　图 2.5　人体模型侧面图

2 裙子着装与结构图解

裙子的结构是在对腰部以下人体包装理念的基础上来进行合理的平面分解。裙子结构在充分考虑满足腰、臀部包装数值的同时，还要考虑人体本身腰、臀差的部位变化，达到与设计效果吻合的目的。例如，长短、宽窄、部位连接等变化的处理，如图 2.6 和图 2.7 所示。

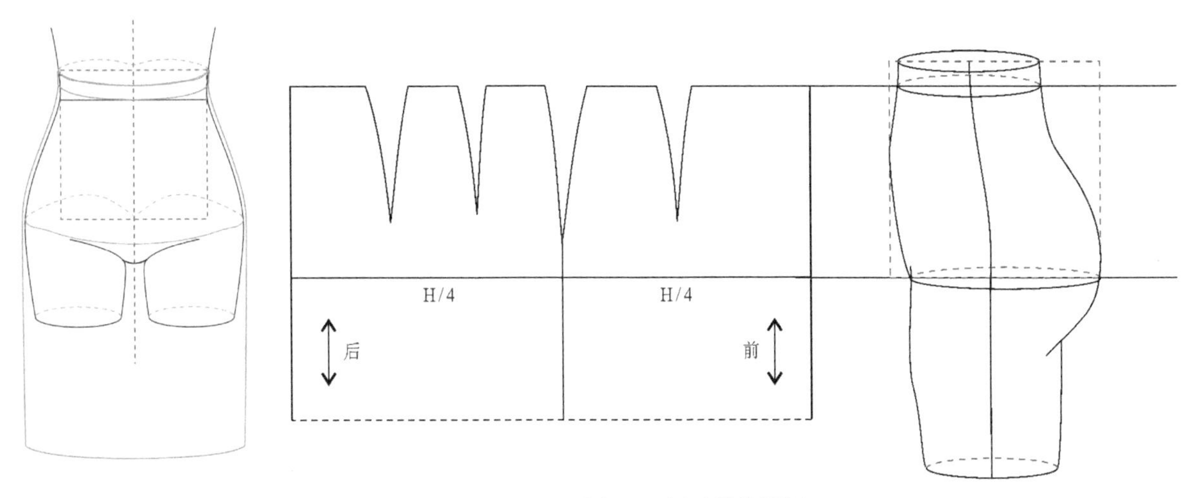

图 2.6　裙子着装效果　　图 2.7　裙子结构图解

3 裤子包装部位的人体结构与人体模型

（1）裤子包装人体下体应注意的要点

裤子包装人体部位除要考虑腰、臀的比例特点外，更重要的是要考虑双腿的造型特点，腿部造型呈上大下小的圆柱状，而且应强调左右对称。男、女人体结构整体感觉还是有一定的差别，要注意区分。

（2）女人体模型的绘制步骤与方法：

第一步：画出人体腰、臀部模型框架，如图 2.1 所示。

第二步：画出下体模型框架，如图 2.8 所示。

方法：在腰、臀部模型框架的基础上，以腰、臀单侧中点连线画出两侧腿的正中线，参考标准人体长度数据从下框线往下画四个方框的长度，确定踝关节宽约 7 ～ 8cm、裆底宽约 3cm，连线并参照正面脚的外廓线，画出下体模型框架。

第三步：画出人体下体模型，如图 2.9 和图 2.10 所示。

方法：参照人体腿脚外廓线，灵活画出模型，注意关节部位的变化。

图 2.8　女下体模型框架　　图 2.9　女下体模型（一）　　图 2.10　女下体模型（二）

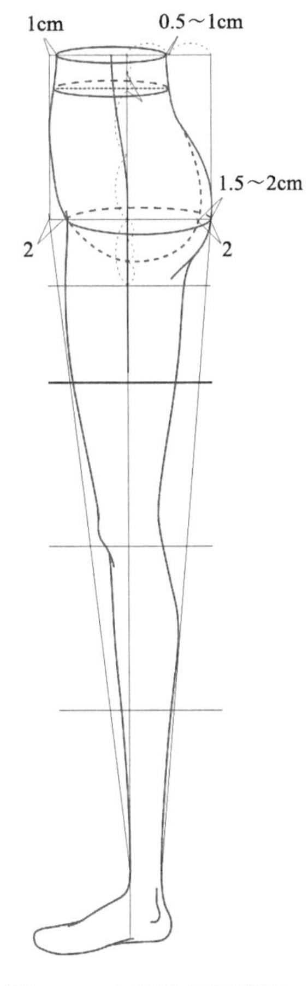

图 2.11　女下体侧面模型

第四步：画出下体侧面模型图，如图 2.11 所示。

方法：在方框的基础上，按侧面人体曲线模拟画出侧面模型。

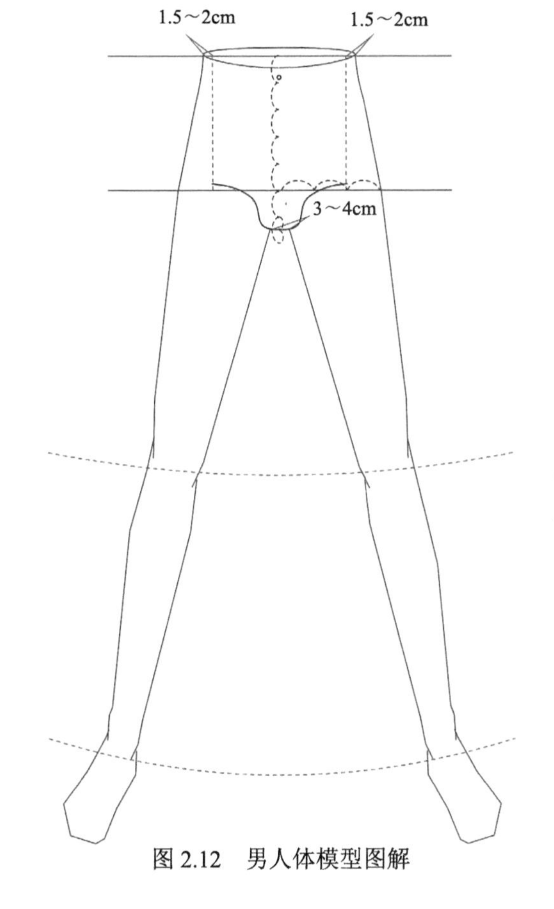

图 2.12　男人体模型图解

（3）男人体图解

男人体模型的画法与女人体模型类似，腰稍宽臀宽不变，腿部线条稍生硬，如图 2.12 所示。

4 裤子着装与结构图解

裤子的结构是在腰部以下人体、双腿分开包装的理念基础上来进行合理的平面分解。裤子结构在充分考虑满足腰、臀部包装数值的同时，还要考虑人体本身腰、臀差的部位变化，分档后双腿的包装效果，达到与设计效果相吻合，如图 2.13 所示。

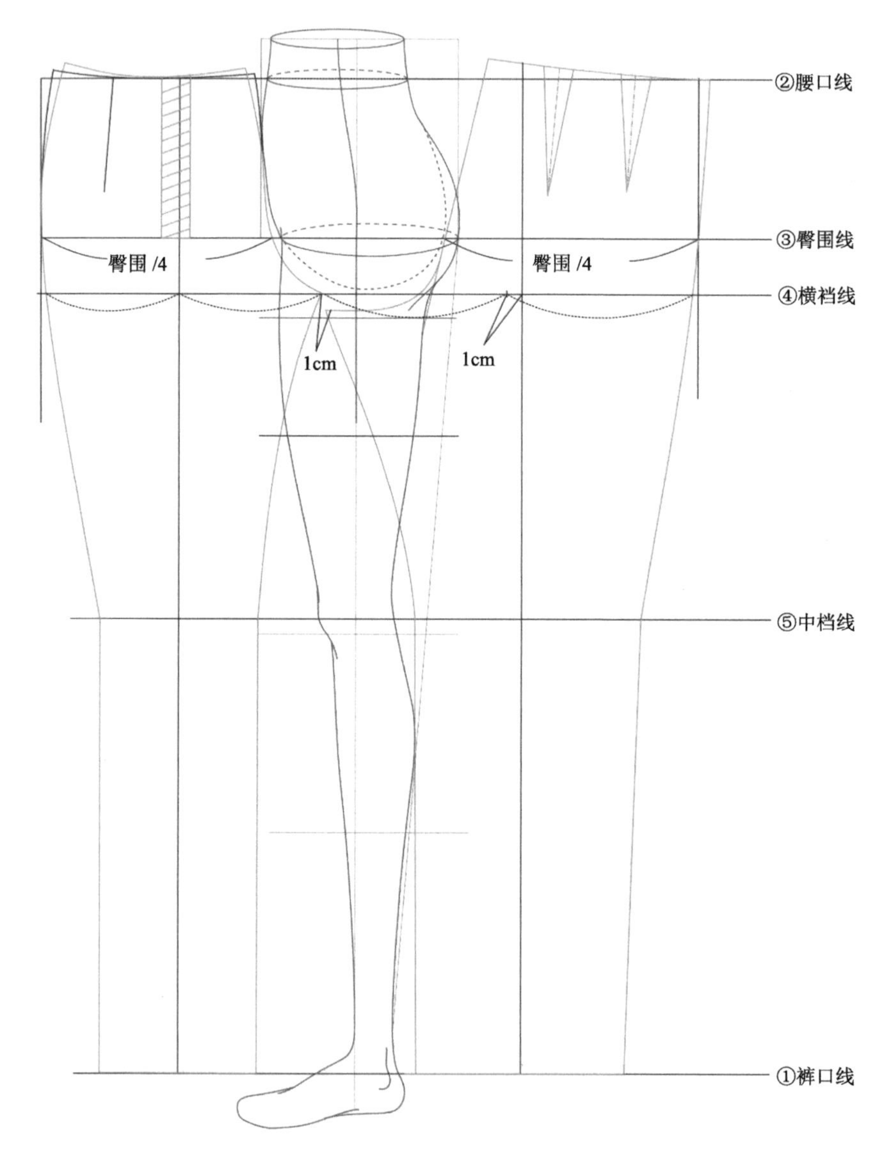

图 2.13　裤子结构图解

作业布置：手工制作模型参考

任务：制作女腰臀部，腰以下男、女人体卡纸或塑胶模板。

目的：制成的模板作为辅助工具来绘制款式图。

制作工具：塑胶薄板（卡纸）、铅笔、短直尺、橡皮、剪刀、刻刀。

制作步骤：方法可根据需要自主创新。

模型参考，如图 2.14 所示。

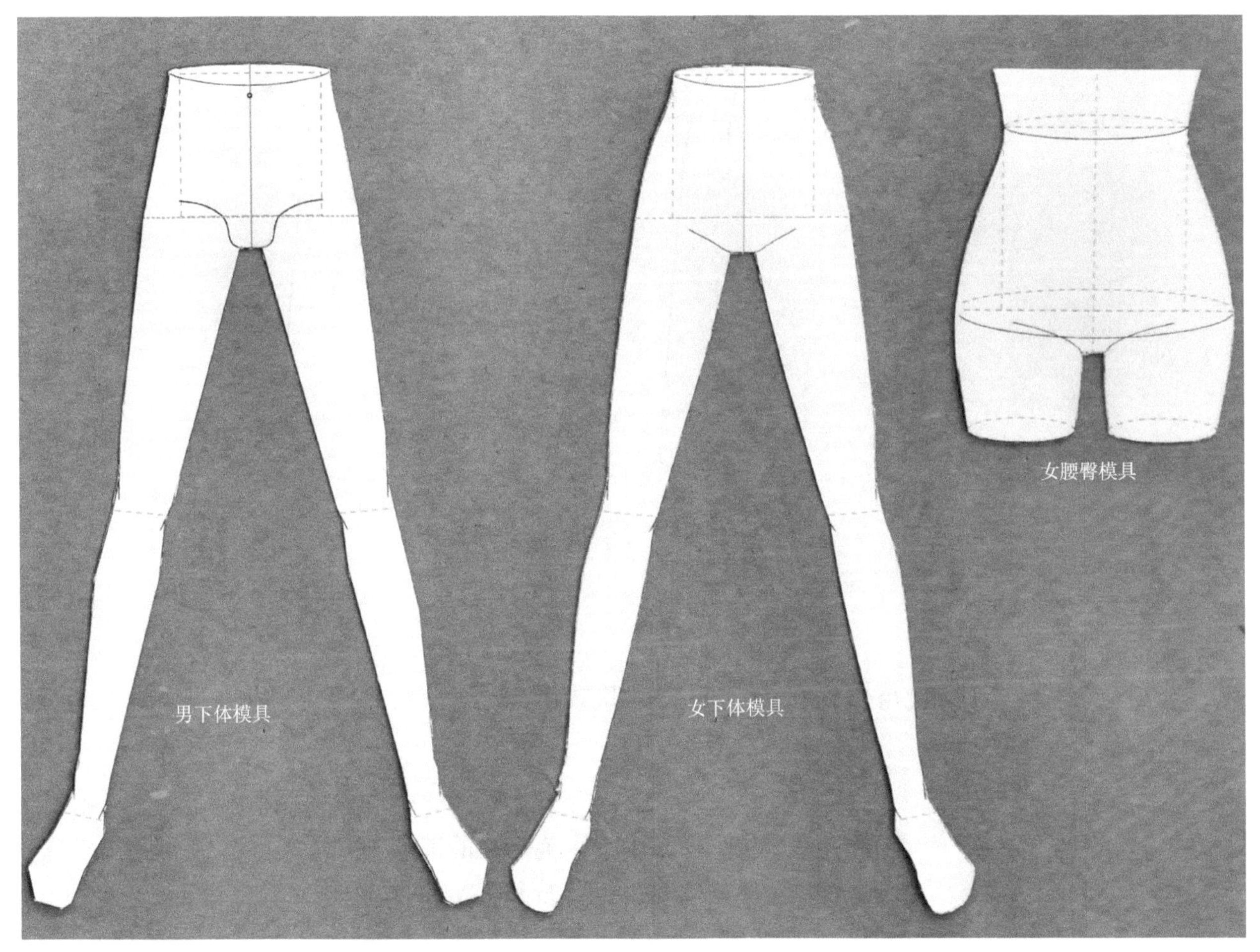

图 2.14　模型参考

任务 2.2 裙子款式图表现

【任务要求】　熟知裙子造型设计特点与着装效果，能准确表现裙子款式，画出款式图。

理论与方法：裙子款式图表现要点

绘制款式图之前，必须熟知裙子款式的结构特点和规格尺寸，并结合人体着装效果来进行绘制。

裙子款式图图解如图 2.15 所示。

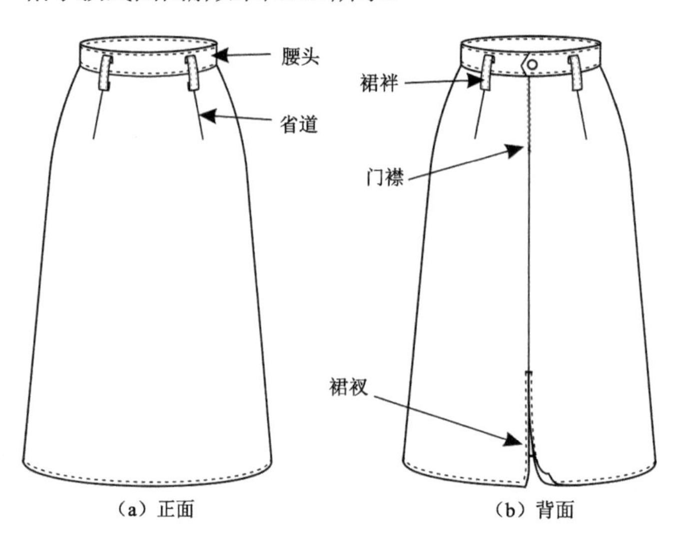

图 2.15 裙子款式图图解

实践与操作：绘制西装裙款式图

1 实训资源

场地：课室、画室、工作室、有台桌的工作间均可。

工具：铅笔、橡皮、短直尺、皮尺、A4 纸或稍厚白纸。

参照物：西装裙（可以是实物、图片或效果图）。

2 分组讨论并分析

（1）西装裙的结构特点分析

西装裙的造型有 H 形、V 形、A 形，腰部到臀部造型比较贴体，一般前后都有省道，开襟、开叉、下摆变化各有不同。

（2）规格尺寸分析

西装裙主要尺寸有腰围、臀围、臀直（高）、裙长，也可给定摆大、叉长和腰头高。如果参照物为实物，以上尺寸均可直接量取；如果参照物是图片或效果图要基于标准人体净体尺寸，对比着装效果加以分析得出，西装裙着装效果一般要求腰、臀部紧身偏向合体一点，所以裙子成品臀围加放量在 5cm 左右。

西装裙参考规格尺寸参见表 2.1。

表 2.1 西装裙的规格尺寸 单位：cm

裙长	腰围	臀围	臀直
60	64	94	22

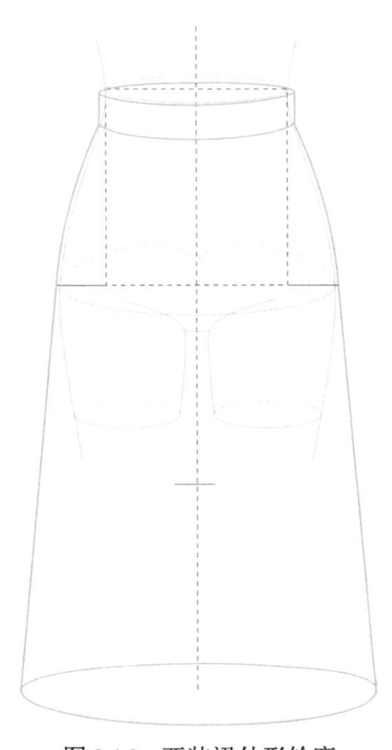

图 2.16　西装裙外形轮廓

3 西装裙款式绘画的步骤与方法

第一步：基于人体模型框架画出款式外形轮廓，如图 2.16 所示。

方法：参照规格尺寸与人体比例结构及款式的外形特点，先画出结构方框，再画出外形轮廓。

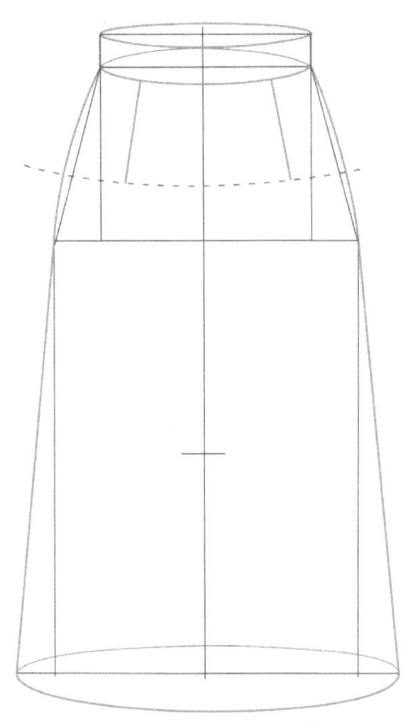

图 2.17　西装裙内部结构

第二步：画出款式内部结构，如图 2.17 所示。

方法：参照款式的内部结构特点与整体比例的位置关系，画出内部结构变化。

知识点：内部结构通常指主体裁片内的变化，包括省、褶、分割、镂空和层次等的变化。

第三步：表现局部，如图 2.18 所示。

方法：根据成衣的工艺要求或设计要求画出局部细节。

知识点：局部通常指区别于主体裁片而用于连接主体裁片或作用于主体裁片上的物件，包括领、袖、口袋、腰头、袢、带、开襟（开叉）、克夫、育克等物件。

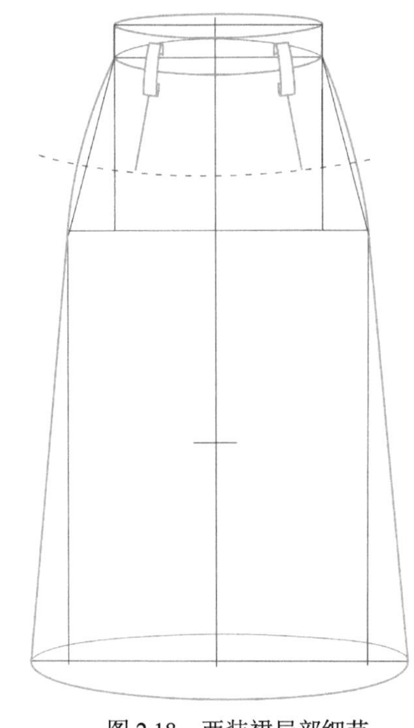

图 2.18　西装裙局部细节

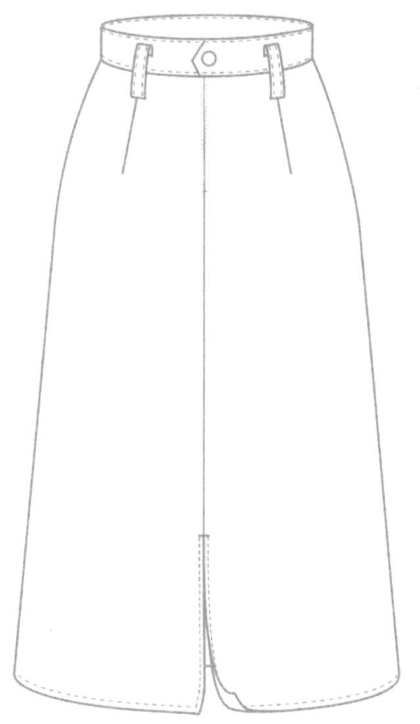

图 2.19
西装裙装饰物件

第四步：画出装饰物件，如图 2.19 所示。

方法：参照成衣或设计的需求，画出款式上所有的装饰物件。

知识点：装饰物件分两类，一是作用于面料本身的装饰工艺，包括面料本身的花饰、缉线、绣花、印花、洗水、拼、贴、镶、嵌等工艺；二是面料之外的物件，包括扣、拉链、商标、吊牌及其他挂、系于款式上的其他装饰物。

第五步：画出明细图及相关标示，如图 2.20 所示。

方法：对局部或相关工艺烦琐的部位画出明细图及文字、尺寸说明。

知识点：明细图及相关标示主要用于指导制版、制作。

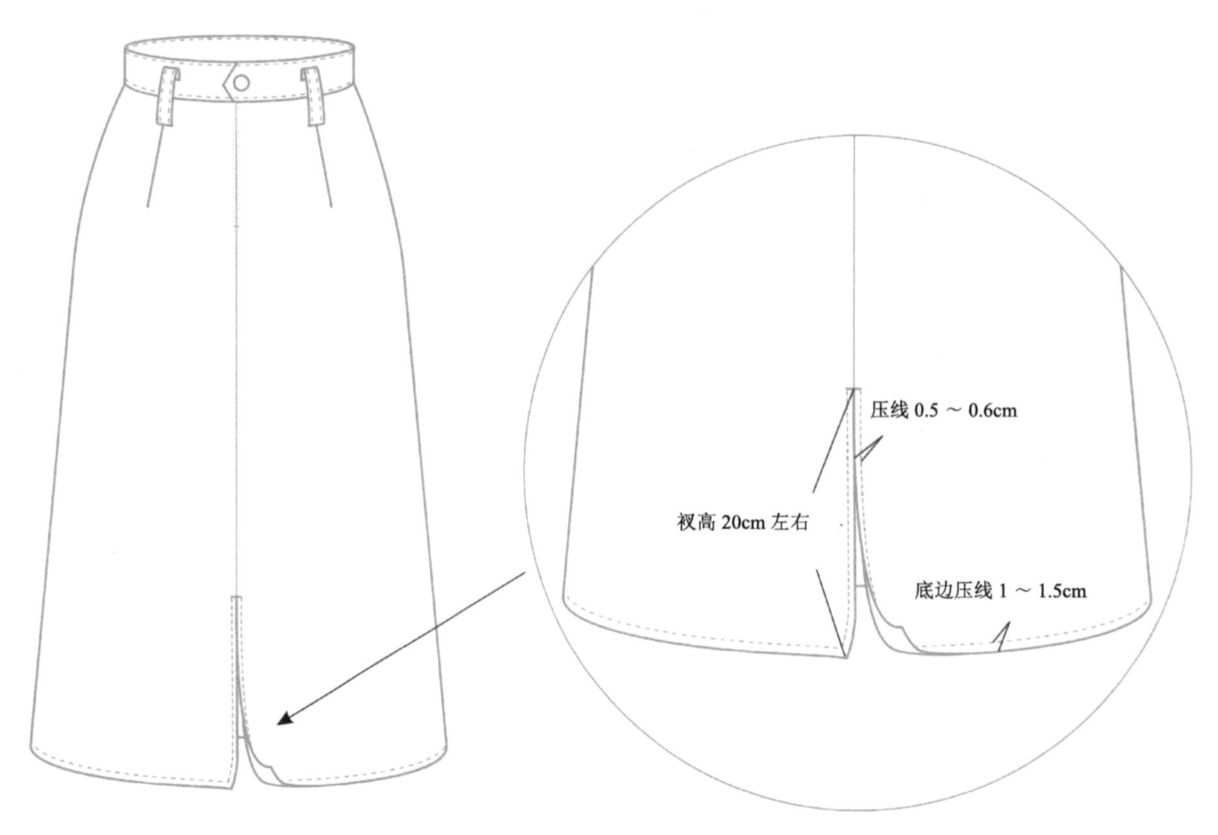

图 2.20　西装裙明细图及相关标示

第六步：画出侧面图或背面图，如图 2.21 和图 2.22 所示。

方法：参照以上步骤和方法画出侧面图或背面图。

图 2.21 西装裙侧面图

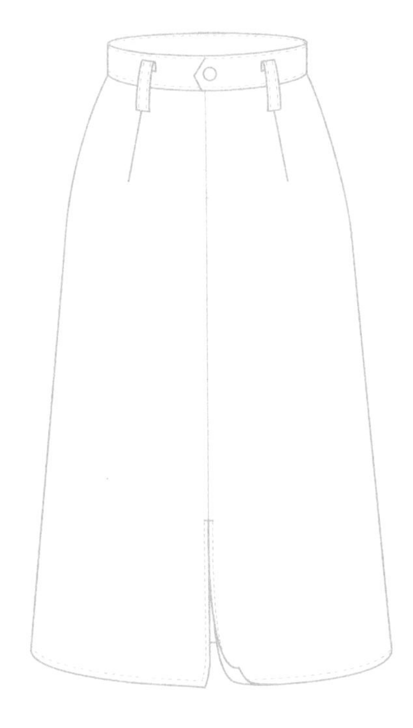

图 2.22 西装裙背面图

4 裙子手绘图解

先用模板轻描出人体模型，再基于模型画款式图，如图 2.23 和图 2.24 所示。此方法适用于初学者掌握规范的效果图画法，学习后期可脱离模板手绘。

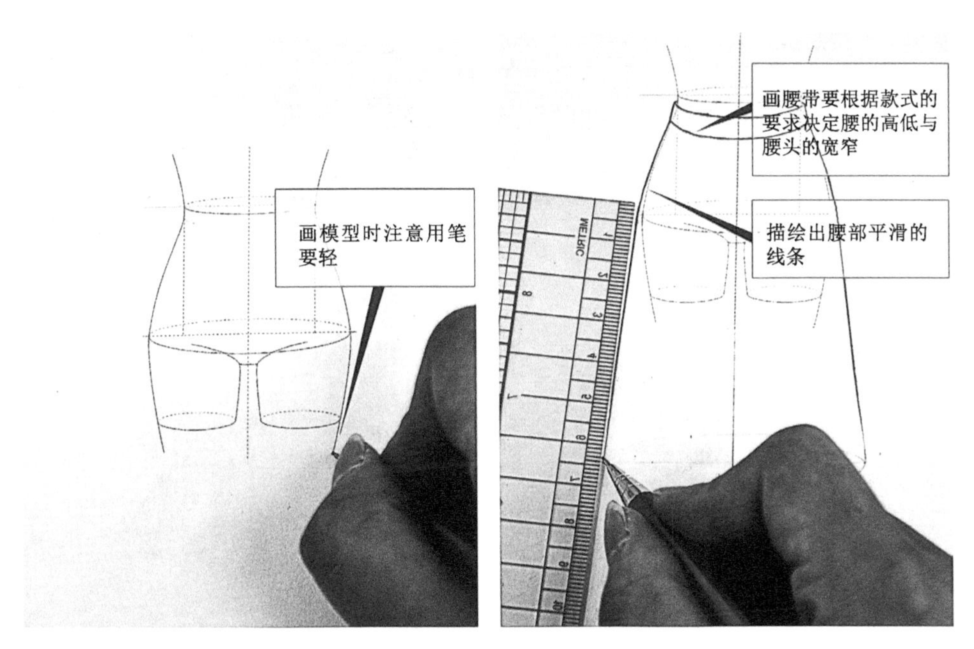

图 2.23 人体模型及裙子外轮廓

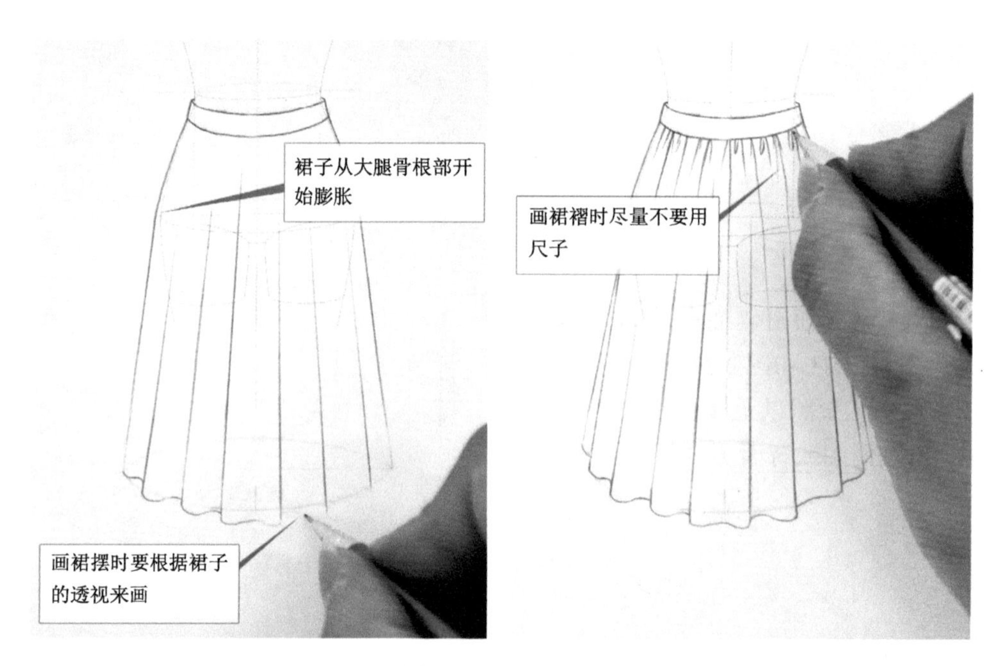

图 2.24　裙子细节表现

技能拓展：裙子款式的表现

1 参照效果图来表现

裙子款式参照效果图来表现，如图 2.25 所示。

图 2.25　裙子效果图

2 参照实物来表现

裙子款式参照实物来表现，如图 2.26～图 2.29 所示。

图 2.26
短裙正面

图 2.27
短裙背面

图 2.28
长裙正面

图 2.29
长裙背面

3 参照照片来表现

裙子款式参照照片来表现，如图 2.30 和图 2.31 所示。

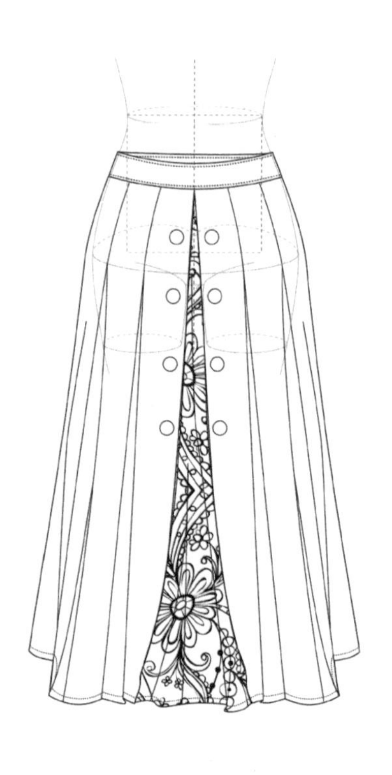
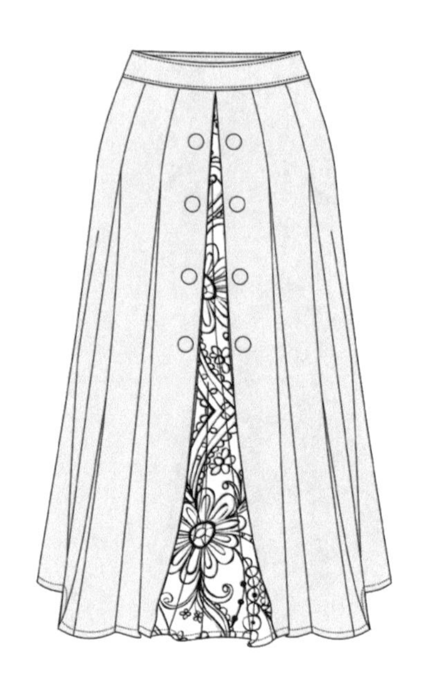

图 2.30　照片正面

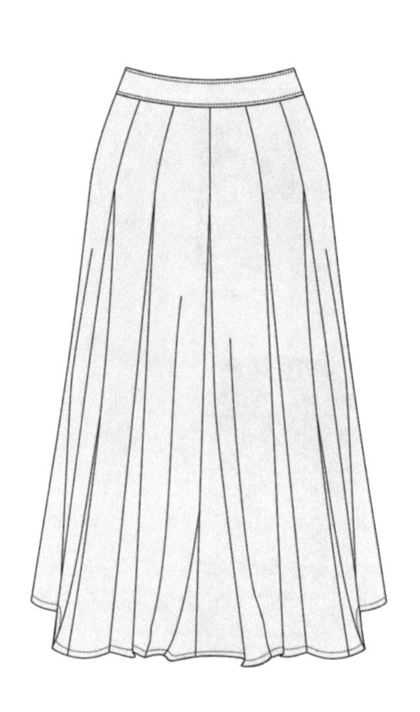

图 2.31　照片背面

任务 2.3 裤子款式图表现

【任务要求】 熟知裤子造型设计特点与着装效果，正确表现裤子款式，画出款式图。

理论与方法：裤子款式图表现要点

绘制裤子款式图时，必须熟知裤子的款式特点和结构变化，结合着装效果及规格尺寸来表现款式图，如图 2.32 所示。

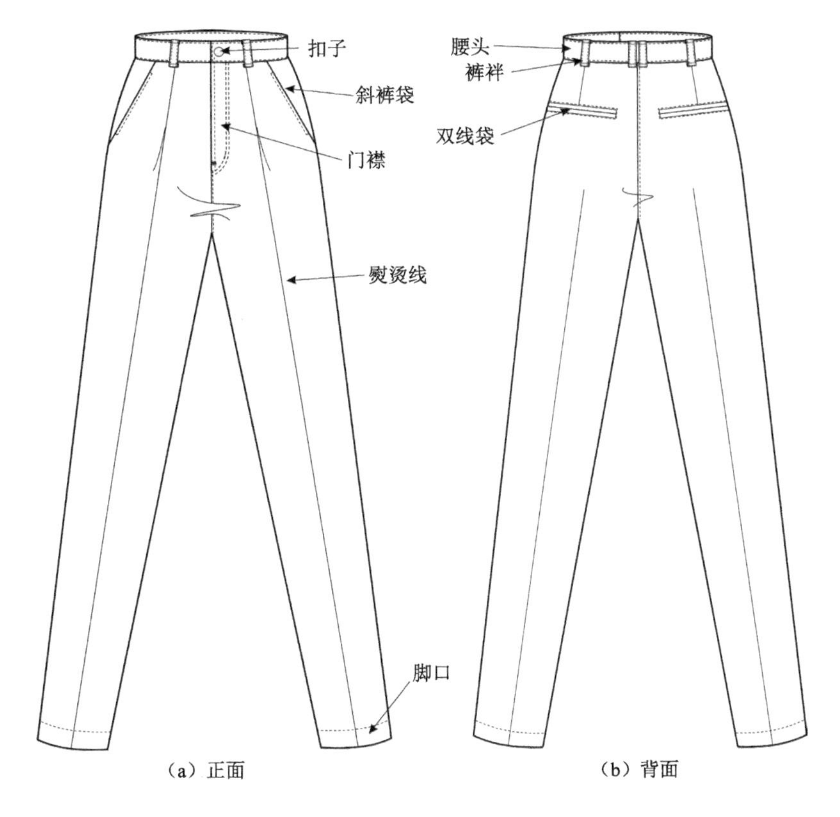

图 2.32 裤子款式图解

实践与操作：绘制男西裤款式图

1 实训资源

场地：课室、画室、工作室、有台桌的工作间均可。

工具：铅笔、橡皮、短直尺、皮尺、A4 纸或稍厚白纸。

参照物：男西裤（可以是实物、图片或效果图）。

2 分组讨论并分析

（1）典型的男西裤

典型男西裤穿着效果如图 2.33 所示。

图 2.33 典型男西裤

（2）规格尺寸分析

男西裤主要尺寸有腰围、臀围、臀直（高）、裤长，也可给定脚口和腰头高。如参照物是实物，以上尺寸均可直接量取；如参照物是图片或效果图则要基于标准人体净体尺寸、对比着装效果加以分析得出，男西裤着装效果一般要求腰、臀部合体偏向于舒适，所以裤子成品臀围加放量在 10cm 左右。

男西裤规格尺寸可参考表 2.2。

表 2.2 男西裤规格尺寸 单位：cm

裤长	腰围	臀围	臀直
114	74	94	22

3 男西裤款式图绘画步骤与方法

第一步：画出男人体框架与款式外形轮廓，如图 2.34 所示。

方法：参照规格尺寸与人体比例结构及款式的外形特点，先画出结构方框，再画出外形轮廓。

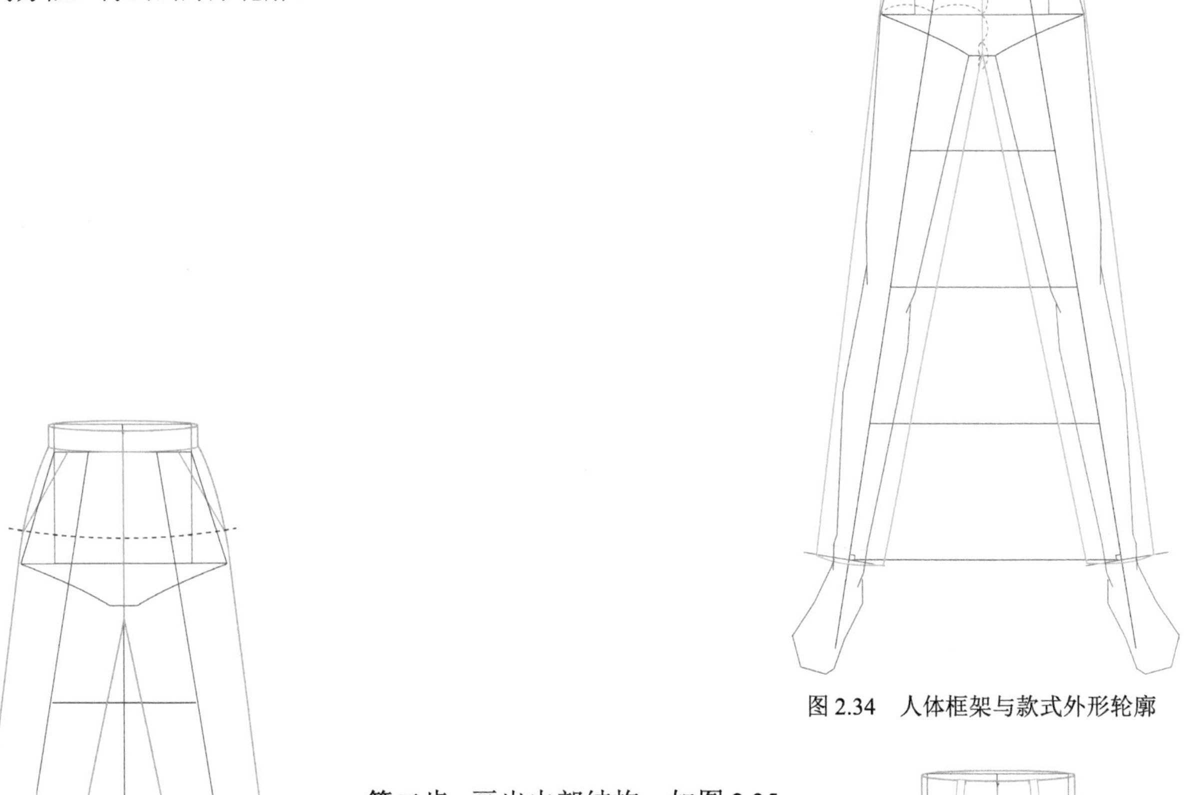

图 2.34　人体框架与款式外形轮廓

第二步：画出内部结构，如图 2.35 所示。

方法：参照款式的内部结构特点与整体比例的位置关系，画出内部结构变化。

图 2.35　男西裤内部结构

第三步：表现局部，如图 2.36 所示。

方法：根据成衣的工艺要求或设计要求画出局部细节。

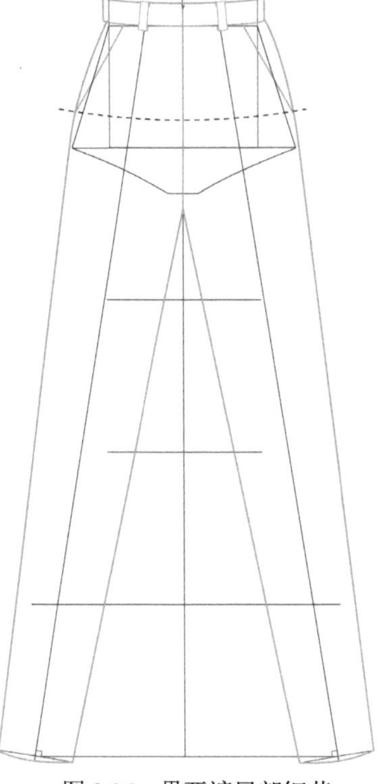

图 2.36　男西裤局部细节

第四步：画出明细图及相关标示，如图 2.37 所示。

方法：对局部或相关工艺烦琐的部位画出明细图及文字、尺寸说明。

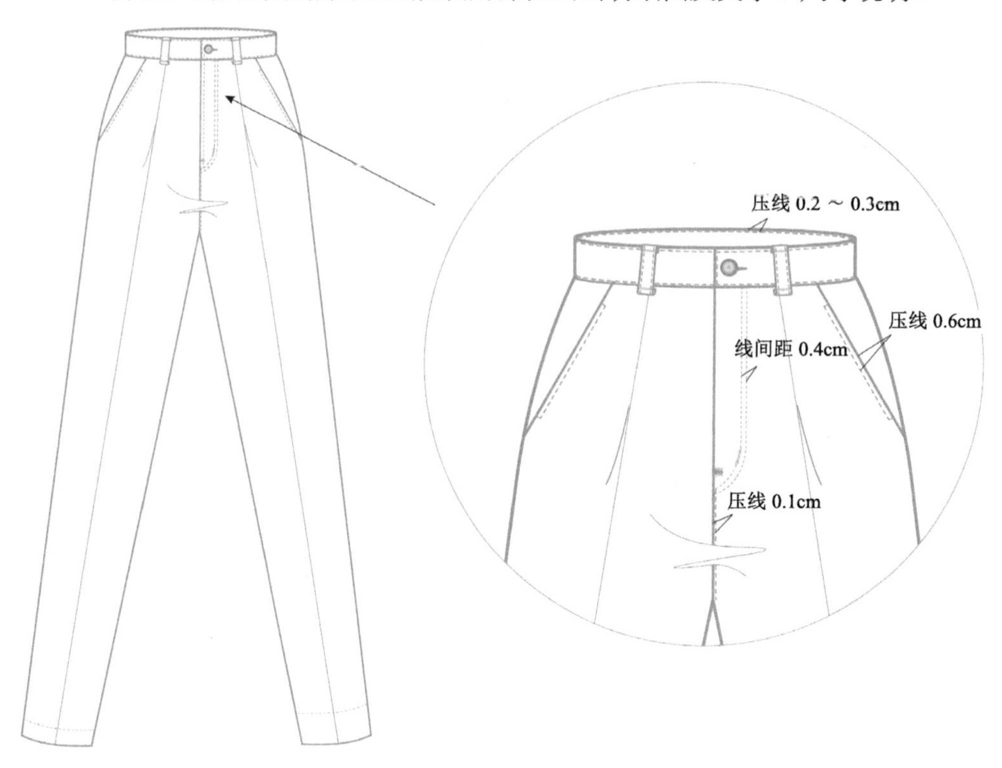

图 2.37　男西裤明细图及相关标示

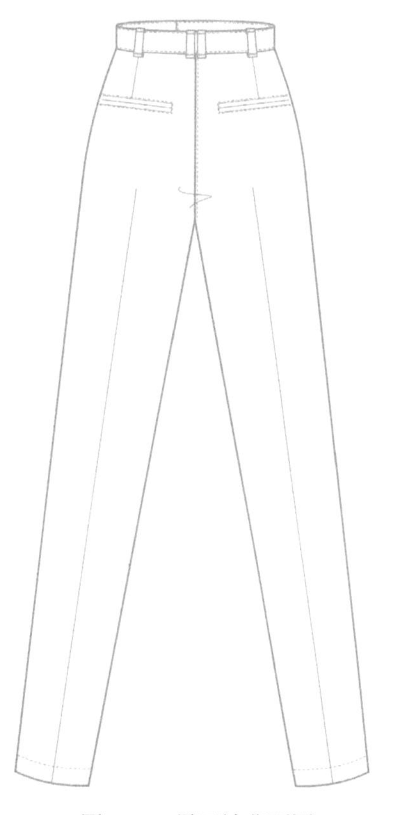

图 2.38　男西裤背面图

第五步：画出背面图或侧面图，如图 2.38 所示。

方法：参照以上方法画出背面图或侧面图。

4 男西裤手绘图解

先用模板轻描出人体模型，再基于模型画款式图，如图 2.39～图 2.41 所示。

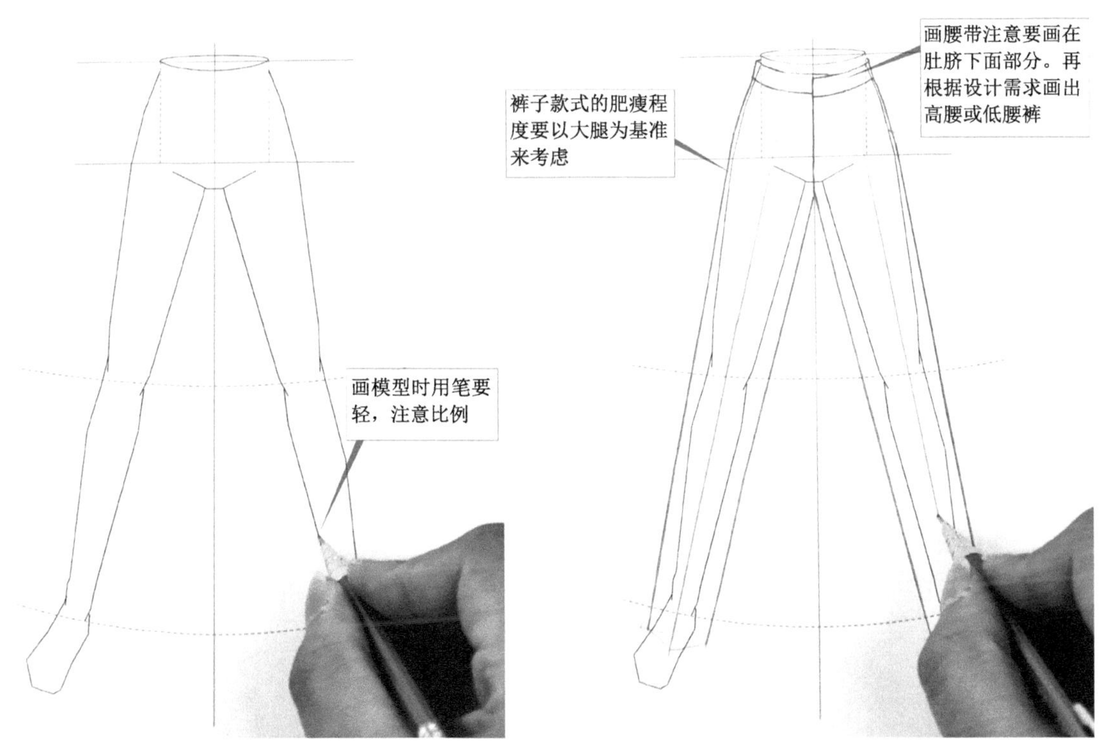

图 2.39 人体外轮廓及裤子外轮廓

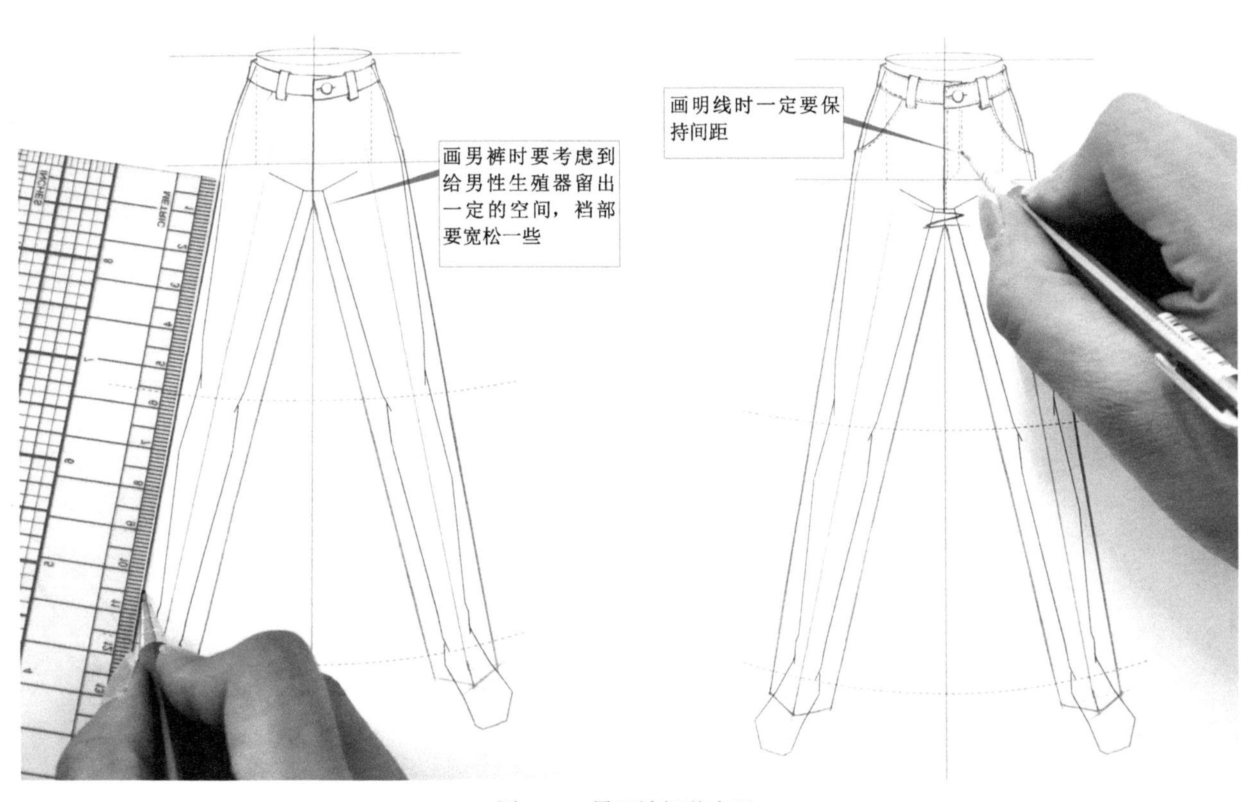

图 2.40 男西裤细节表现

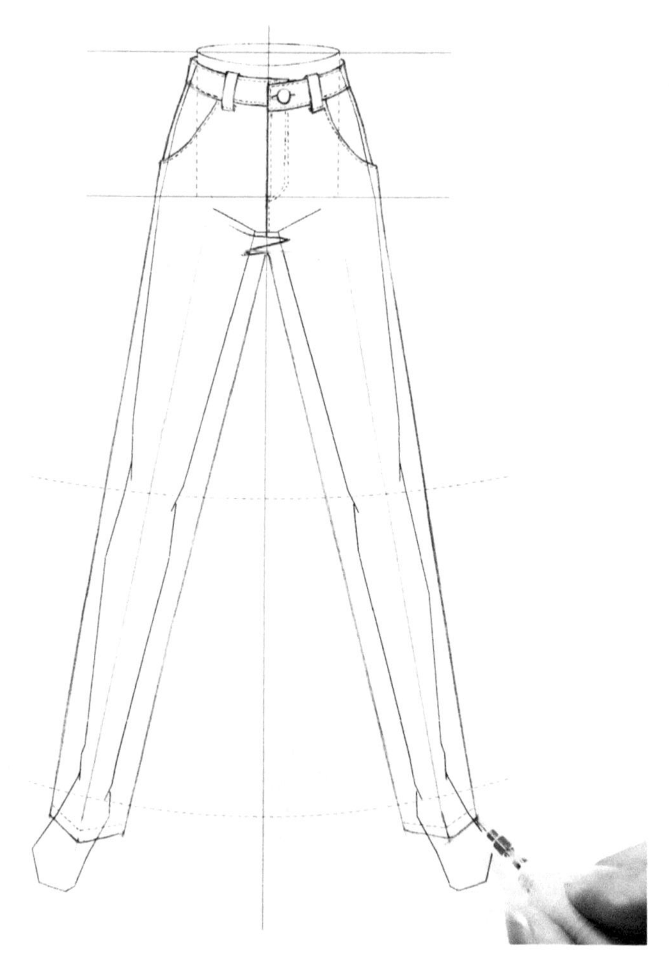

图 2.41 手绘完成效果

技能拓展：裤子设计的表现

1 内裤

内裤设计表现如图 2.42 所示。

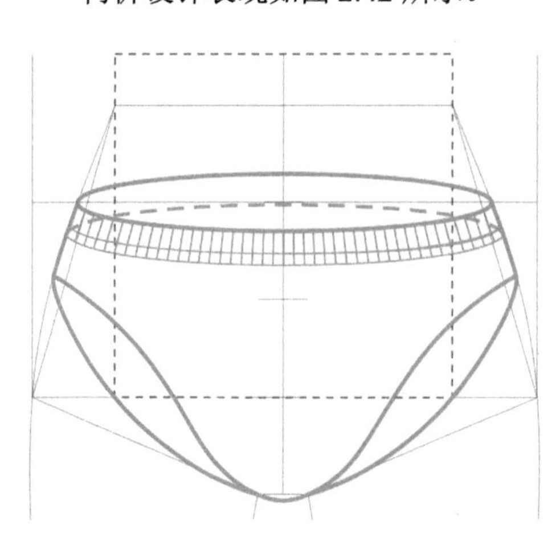

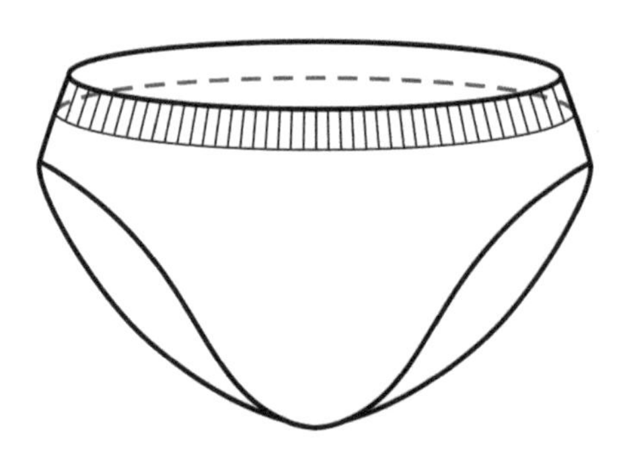

图 2.42 内裤设计表现

2 参照效果图来表现

裤子设计参照效果图来表现，如图 2.43 所示。

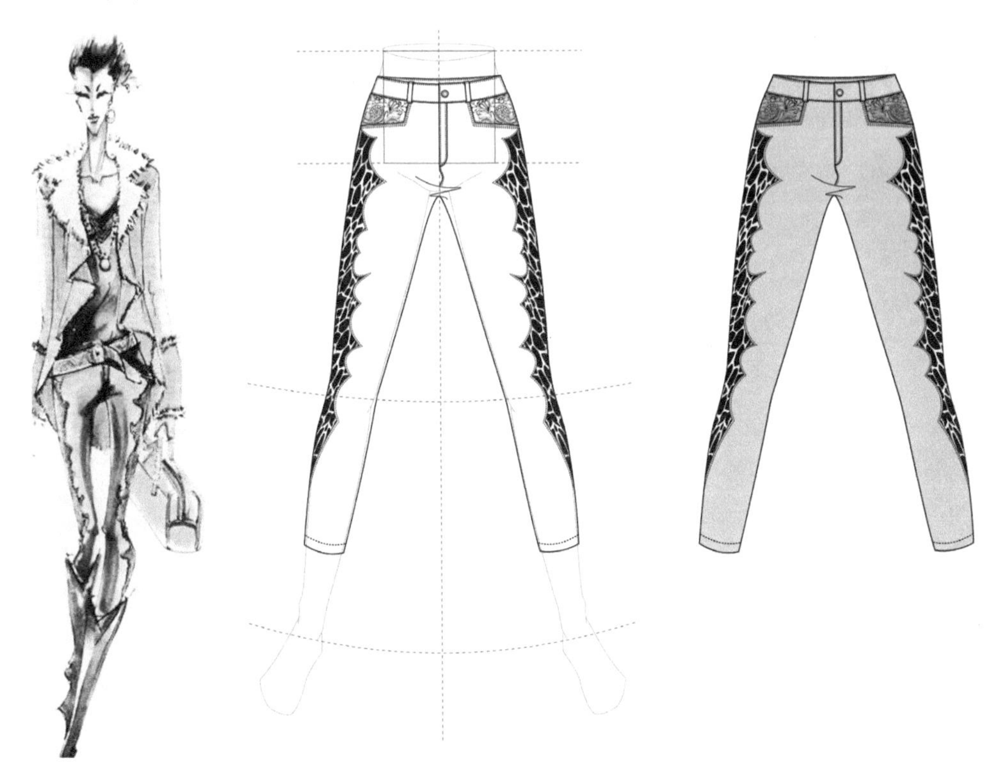

图 2.43　参照效果图表现

3 参照实物来表现

裤子设计参照实物来表现，如图 2.44 所示。

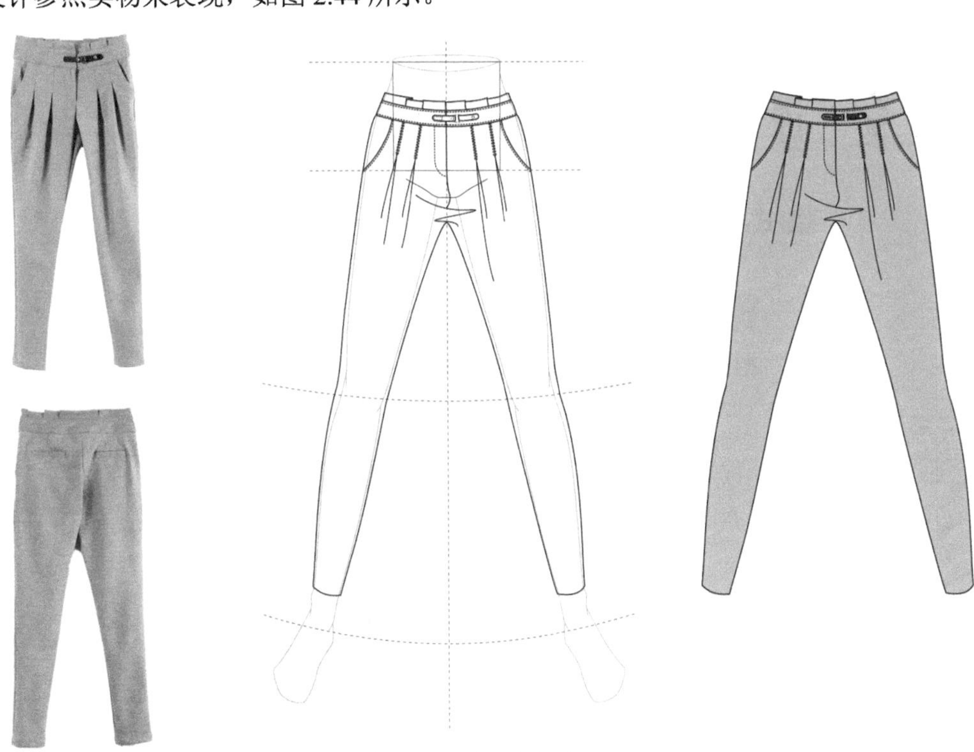

图 2.44　参照实物表现

4 参照照片来表现

裤子设计参照照片来表现，如图 2.45 所示。

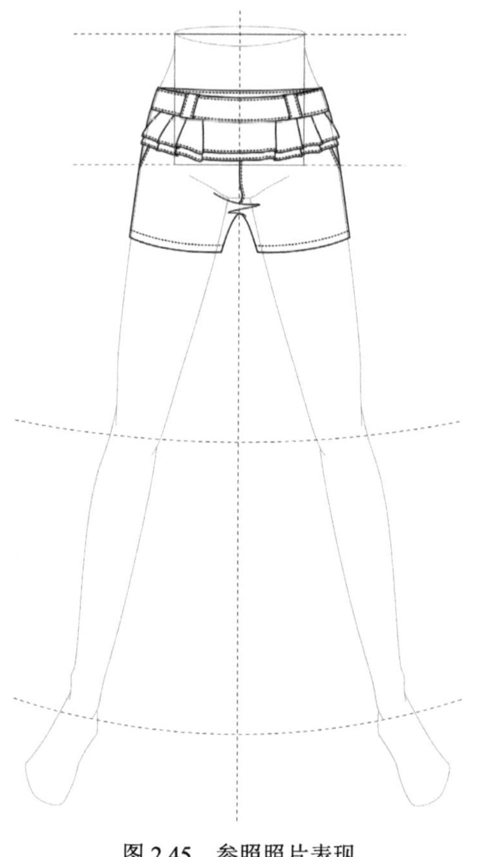

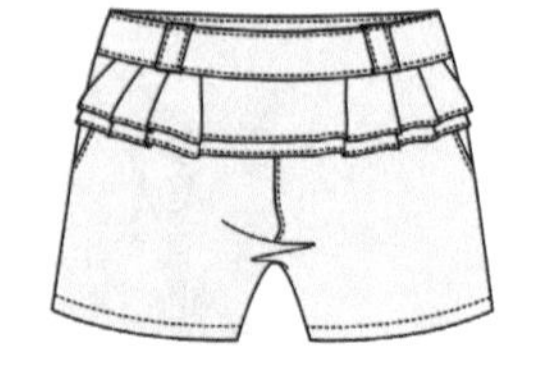

图 2.45　参照照片表现

任务 2.4 课堂训练与课后练习

款式欣赏：下装款式

1 裙子

裙子款式欣赏，如图 2.46 所示。

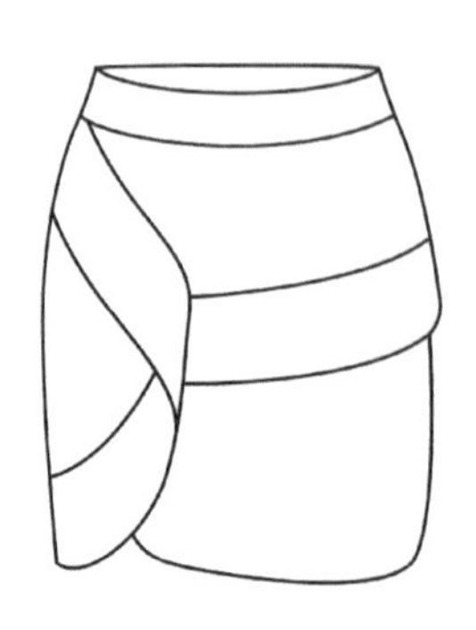

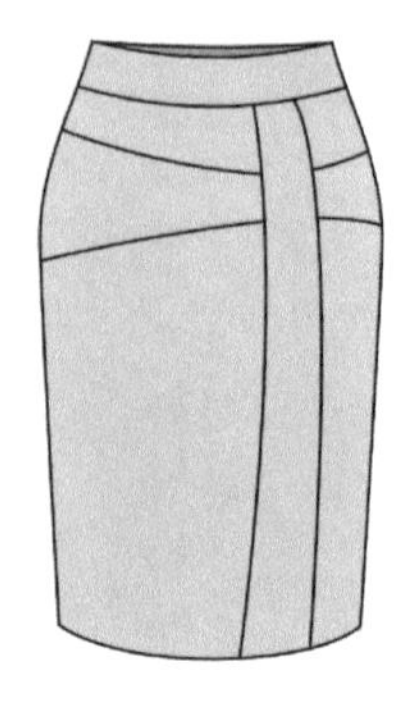

图 2.46　裙子

图 2.46 裙子（续）

2 女裤

女裤款式欣赏，如图 2.47 所示。

图 2.47 女裤

3 男裤

男裤款式欣赏，如图 2.48 所示。

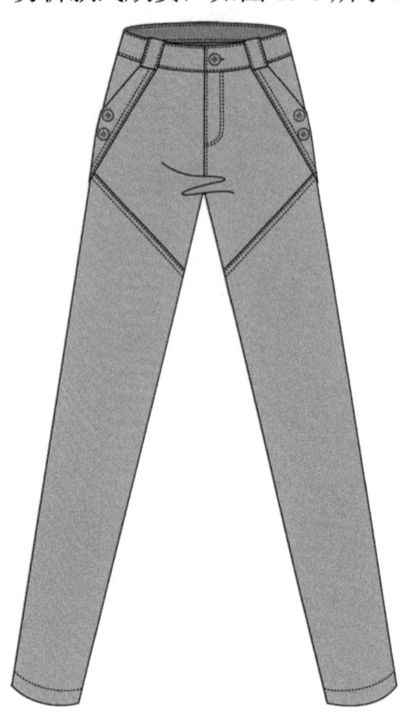

图 2.48　男裤

作业布置：绘制男、女下装款式图并制单

设计并画出男、女下装款式图，以制单形式表现出来，最后选择一款制作成品进行展示与评比。

作业操作过程：

1. 布置任务并分组，确定小组团队负责人。
2. 由负责人分派任务，计划实施。
3. 收集信息并讨论得出结果。
4. 依据信息设计画出款式图。
5. 设计制衣单，并以生产制单的形式表现出来。
6. 选择一款自定规格款式制作出成品。
7. 展示、互相观摩并评分。

项目3 男、女上装款式图表现

项目学习目标

学习目标☞

掌握上装款式的表现方法，设计表现出上装款式造型的平面效果，为设计制作成品上装提供效果参考的生产图。

相关知识☞

上装款式造型设计是指腿部以上躯体，包括颈、手臂等部位的包装设计。上装主体部分与胸、腰、臀关系密切，基本满足包装胸、腰、臀部的需要是上装款式造型设计的关键；领、袖是上装的关键点，主要与颈、手臂及其连接上身的部位关系密切。上装领、袖的设计十分重要，对细节、尺寸等要求较高，能影响服装的整体效果，好的设计能起到画龙点睛的作用。上装的设计千变万化，不同的款式能呈现出各式的风格效果。

项目任务☞

1. 了解人体与上装款式的关系
2. 贴体女上装款式图表现
3. 外套女上装款式图表现
4. 男上装款式图表现
5. 课堂训练和课后练习

任务3.1　了解人体与上装款式的关系

【任务要求】　了解人体上身，包括颈、手臂等部位的结构，并能准确、简要地画出人体模型；了解上装结构与人体结构的基本关系。

理论与方法：上装款式图与人体结构的关系

1 上身模型的绘制与上身部位人体结构分解

上身躯体部位总体结构特点：上身主要包括人体三腔中的两腔——胸腔和腹腔；男、女区别较大，男体胸至臀呈倒梯形状，胸厚实而背阔，腰粗、臀窄，外形棱角分明，外廓线生硬；女体胸至臀呈正梯形状，丰胸而背柔，腰细、臀凸，外形圆润，外轮廓线呈流线型。

上身模型的绘制步骤与方法如下（以女上身为例）。

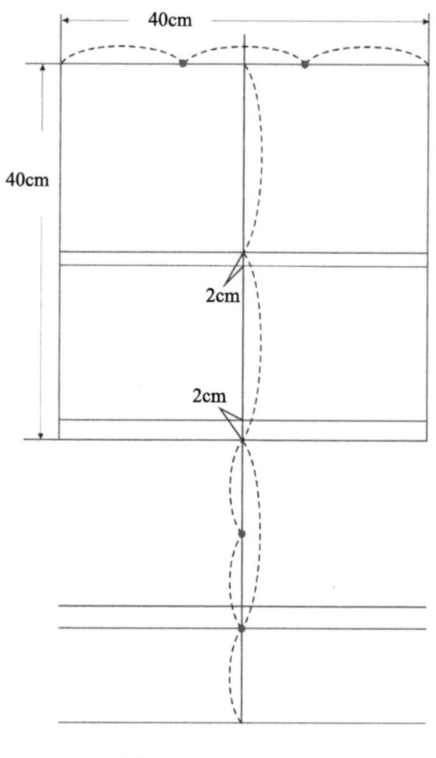

图3.1　女上身模型框架

第一步：画模型框架，如图3.1所示。

方法：以40cm×40cm的正方形为基础画出“里”字框架。其中40cm指的是肩宽和腰节高，一般来说，女性肩宽为38～42cm，为方便起见取其中间值40cm，腰节高也是依据38～42cm取中间值，参照此正方形为长宽比例来推导其他部位的位置。由方框横向自中线下移2cm确定胸高线，身高160cm的女性胸高为24cm左右，因绘制的是立体模型，与在实体曲面上量取相比，定位存在空间差异，所以在模型上垂直定位要少2cm左右。同理，腰线、臀线上移2cm。

第二步：画出外形轮廓线，如图 3.2 所示。

方法：依据人体外形各部位的斜度、曲度和线形，参照正方形的大小尺寸来定位连线。由上而下，先把上框线分成三等分，中间两个等分点即颈肩点，每等分接近 13cm，再细分三等分，每等分介于 4 ～ 4.5cm，往下一等分可定落肩和颈窝的位置，往内一等分可定胸宽线，胸宽 32cm 左右，背宽各边比胸宽宽出 1cm 左右，胸宽外放 1 ～ 1.5cm 可定臀宽，由胸高线往上 5 ～ 7cm 可定手臂截面底点，据此可画出手臂截面，再往内一等分可定腰宽，腰、臀部可参照下体模型，最后连线即可完成。

第三步：画胸部结构模拟图，如图 3.3 所示。

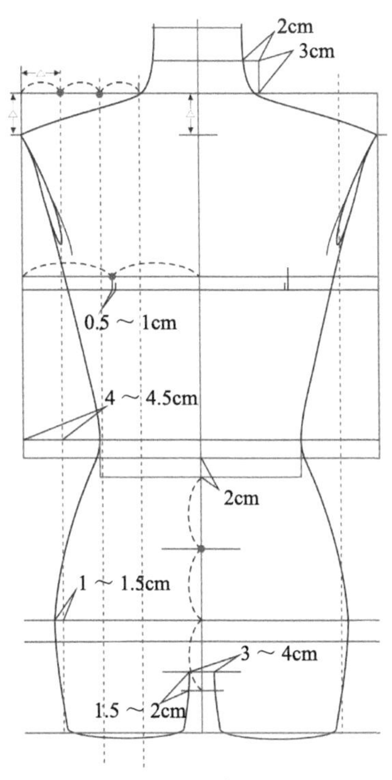

图 3.2　女上身外形轮廓

方法：方框横向中线向下2cm两边各取中点靠中偏进0.5～1cm确定胸高点，乳距18～20cm。以胸乳点偏内向上斜45°，量取1.5cm为圆心，以圆心至体侧线的距离为半径画圆，取3／4圆弧线为乳房外廓线即可。乳点由于重力的原因并非圆心的中点。

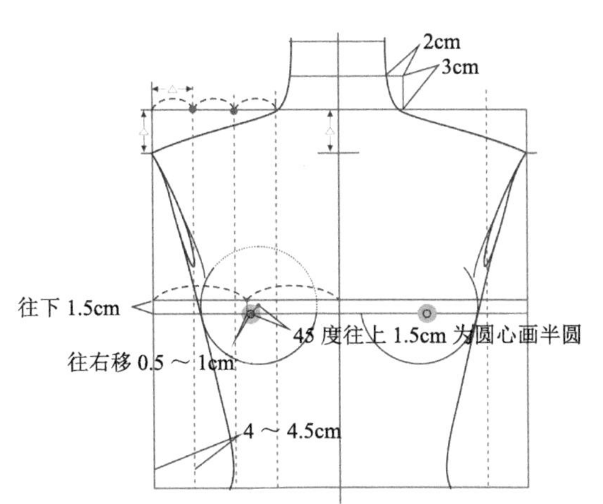

图 3.3　胸部结构模拟图

第四步：画出正、背面上身模型与结构模拟图，如图 3.4 和图 3.5 所示。

方法：依据体表曲面起伏和主要部位结构画出颈、胸、腰、臀的截面，画出颈窝、锁骨、肚脐、腹股沟、肩胛骨、臀与臀裂沟等部位。

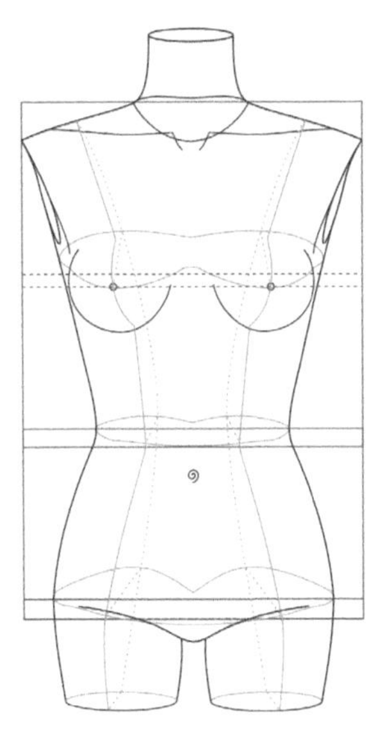

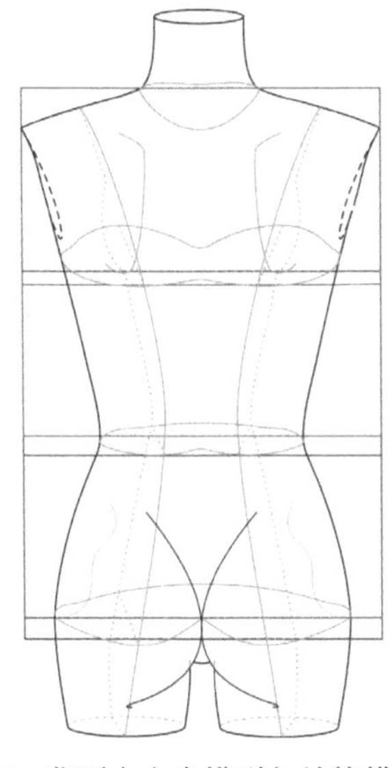

图 3.4　正面女上身模型与结构模拟图　图 3.5　背面女上身模型与结构模拟图

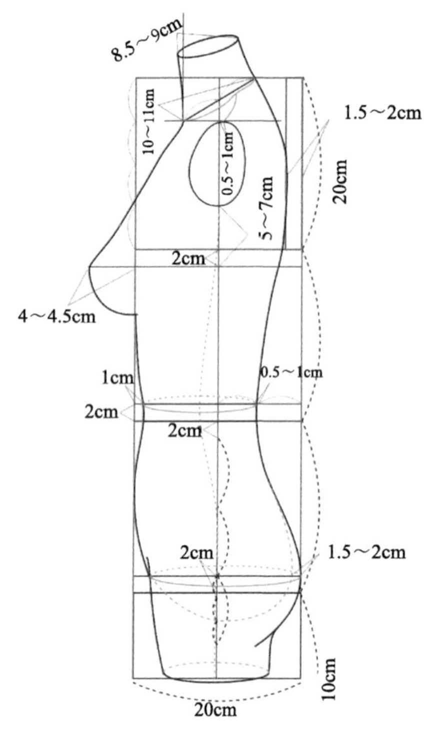

图 3.6　女上身侧面模型图

第五步：画出侧面模型图，如图 3.6 所示。

方法：以 20cm×20cm 的方框为参考比例数据，画出侧面模型图。

2 上装主体部分结构与人体结构的关系

上装结构主要是考虑对上身包装后的平面分解。上身结构相对下身要复杂得多，因其与颈、手臂、下肢相连，所以除了考虑满足胸、腰、臀的包装外，还要顾及与领、袖相接，设计时要特别注意。上装主体部分结构与人体结构的关系如图 3.7 和图 3.8 所示。

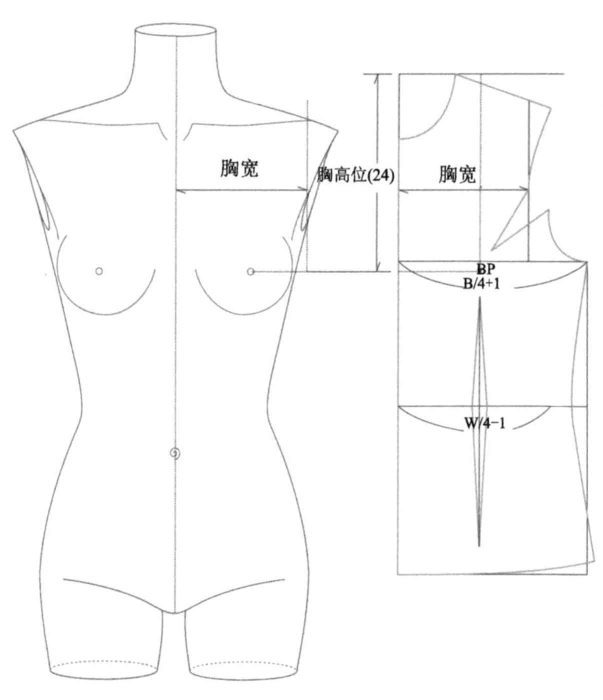

图 3.7　上装主体结构与人体分析（一）

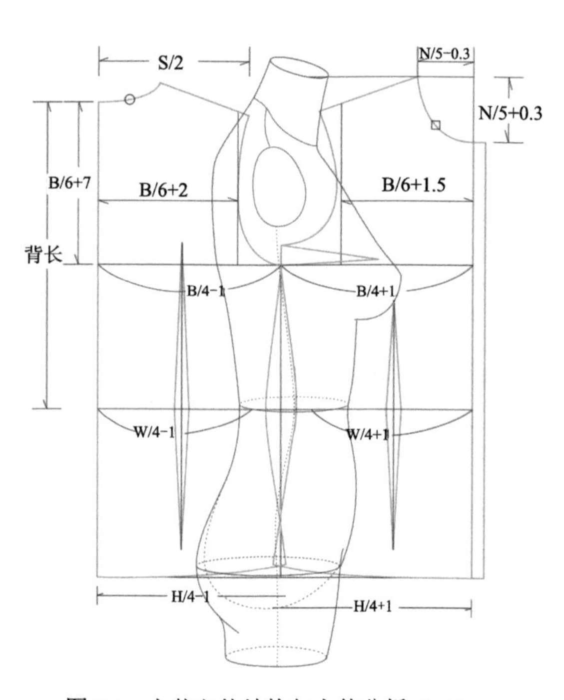

图 3.8　上装主体结构与人体分析（二）

3 男、女人体带手模型图

男、女人体模型在绘制时方框的数据分别是 45cm 与 40cm，然后按体型特征差异或参照自身数据来画，如图 3.9 ～图 3.12 所示。

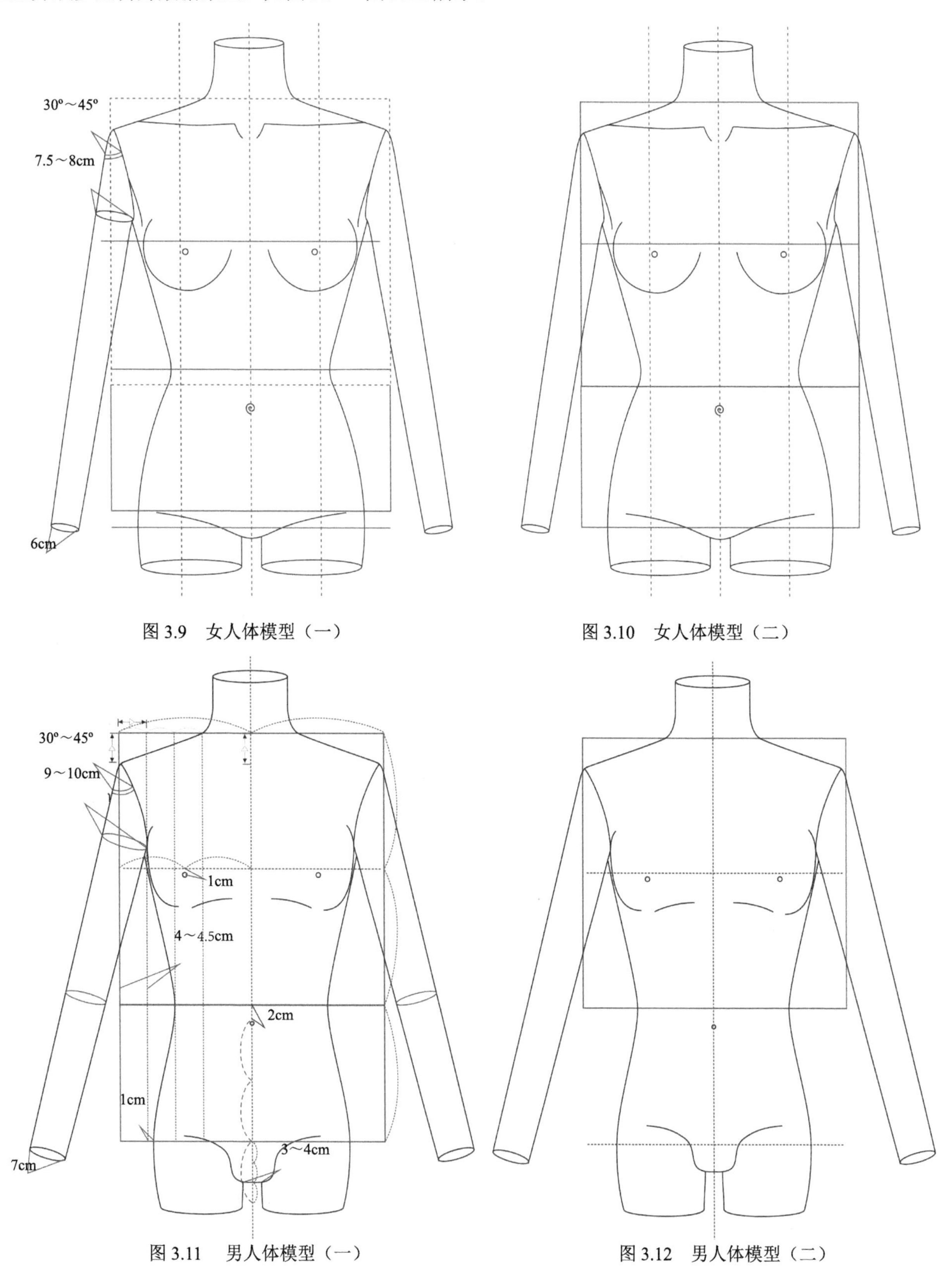

图 3.9　女人体模型（一）

图 3.10　女人体模型（二）

图 3.11　男人体模型（一）

图 3.12　男人体模型（二）

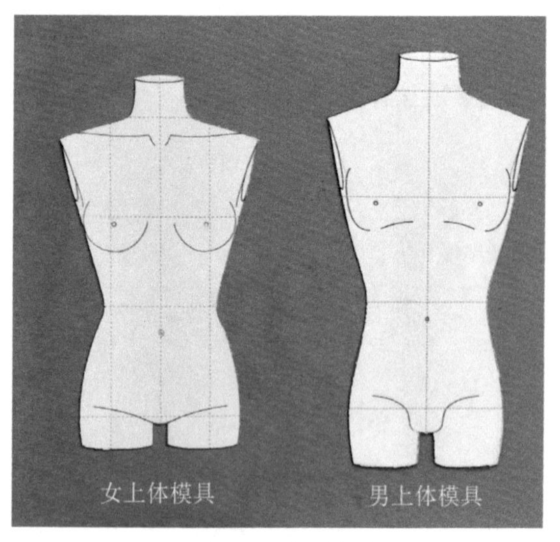

图 3.13 模型参考

作业布置：手工制作男、女上体模板

任务：制作上身男、女人体卡纸或塑胶模板。

目的：制作模板作为工具来绘制款式图。

制作工具：塑胶薄板（或卡纸）、铅笔、短直尺、橡皮、剪刀、刻刀。

制作步骤：方法可根据需要自主创新。

模型参考，如图 3.13 所示。

任务 3.2 贴体女上装款式图表现

【任务要求】 熟知贴体上装造型设计特点与着装效果，能准确表现贴体上装款式，画出款式图。

理论与方法：贴体女上装款式图表现要点

绘制款式图之前，必需熟知贴体上装款式的结构特点和规格尺寸，并结合人体着装效果来进行绘制。

女上装款式图解，如图 3.14 所示。

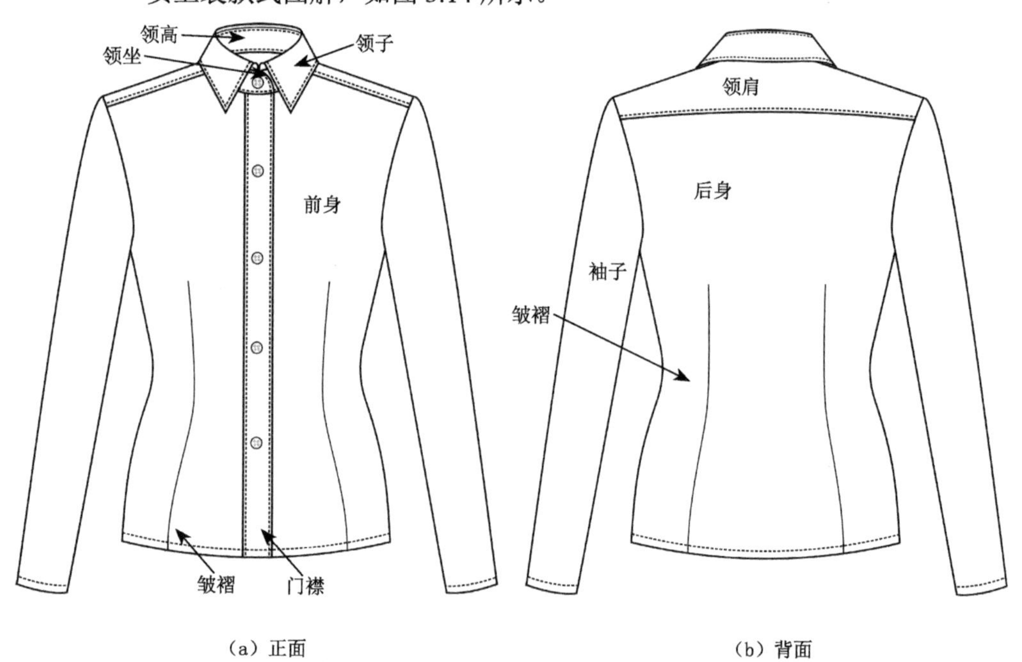

（a）正面　　（b）背面

图 3.14 女上装款式图解

实践与操作：绘制女衬衫款式图

1 实训资源

场地：课室、画室、工作室、有台桌的工作间均可。

工具：铅笔、橡皮、短直尺、皮尺、A4 纸或稍厚白纸。

参照物：衬衫（可以是实物、图片或效果图）。

2 分组讨论并分析

（1）女衬衫的结构特点分析

女衬衫的造型以 X 形较常见，收腰贴体，一般前后都有省道，开襟、下摆变化有所不同，结构现在偏向男式衬衫的造型。

（2）规格尺寸分析

女衬衫主要尺寸有衫长、袖长、胸围、腰围、领围、肩宽、袖口。如果参照物是实物，以上尺寸均可直接量取；如果参照物是图片或效果图，则图要基于标准人体净体尺寸，对比着装效果加以分析得出。女衬衫着装效果一般要求凸显女性身体曲线，比较紧身，所以衬衫成品胸围的加放量在 7 ~ 10cm 左右，如图 3.15 所示。

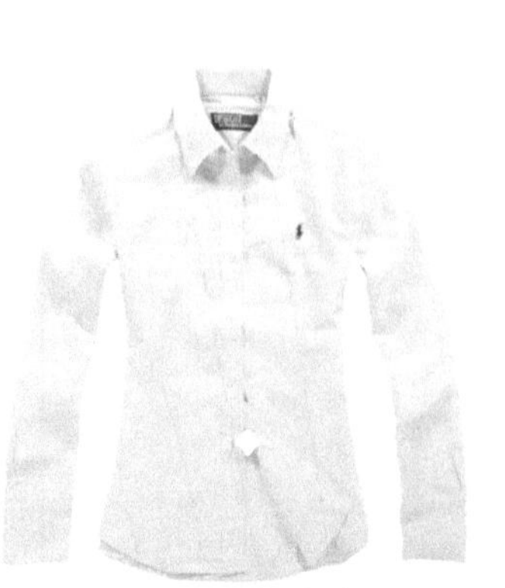

图 3.15　女衬衫

女衬衫参考规格尺寸参见表 3.1。

表 3.1　女衬衫规格尺寸　　单位：cm

衫长	袖长	胸围	腰围	领围	肩宽	袖口
64	58	92	76	36	39	24

3 女衬衫绘画的步骤与方法

第一步：套用人体模型画出主体外形轮廓，如图 3.16 所示。

方法：参照规格尺寸与人体比例结构及款式的外形特点，画出衣身的外形轮廓。注意处理好规格尺寸与人体模型着装效果之间的关系。

第二步：画出部件之间的连接，完善外形轮廓，如图 3.17 所示。

方法：参照规格尺寸与人体比例结构及款式的外形特点，画出领子、袖子。注意各部位的连接吻合及层级关系。

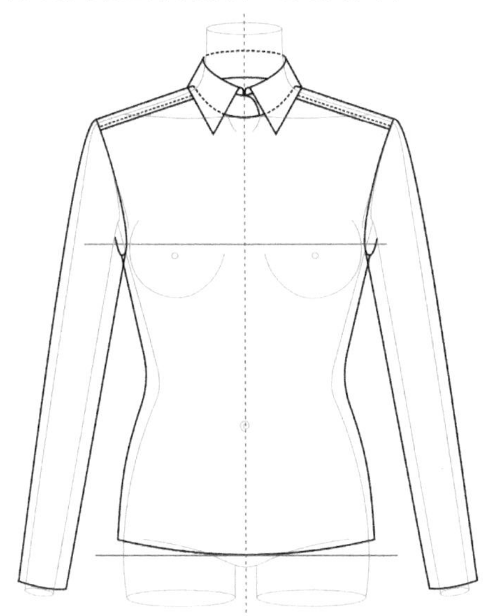

图 3.17　完善外形轮廓

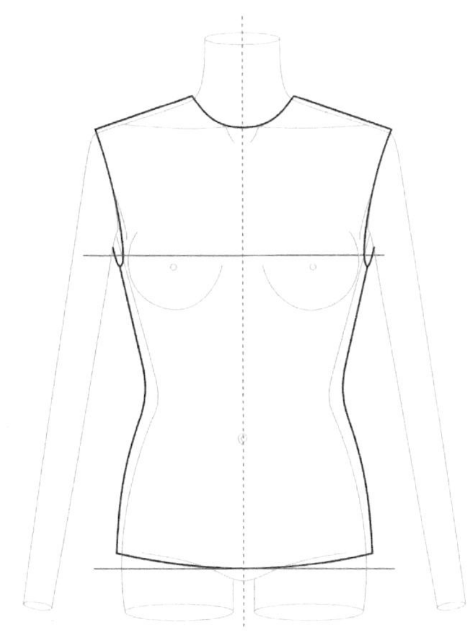

图 3.16　女衬衫主体外形轮廓

第三步：表现内部结构，如图 3.18 所示 。

方法：根据款式特点和成衣的工艺要求或设计要求，参照内部结构与整体的比例关系画出门襟和省道。

第四步：画出装饰物件，如图 3.19 所示。

方法：参照成衣或设计需求，画出款式所有的装饰物件。

图 3.18　女衬衫内部结构

图 3.19　女衬衫装饰表现

第五步：画出明细图及相关标示，如图 3.20 所示。

方法：对局部或相关工艺烦琐的部位画出明细图及文字、尺寸说明。

第六步：画背面图或侧面图，如图 3.21 所示。

方法：参照以上方法画出背面图或侧面图。

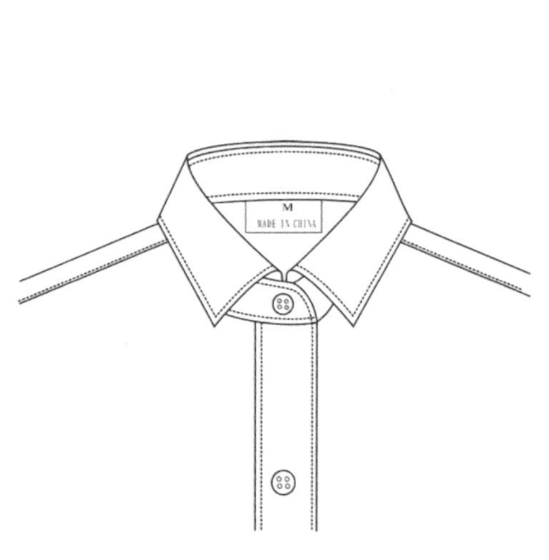

图 3.20　女衬衫明细图及相关标示

图 3.21　女衬衫背面图

4 女衬衫手绘图解

女衬衫手绘图解，如图 3.22 和图 3.23 所示。

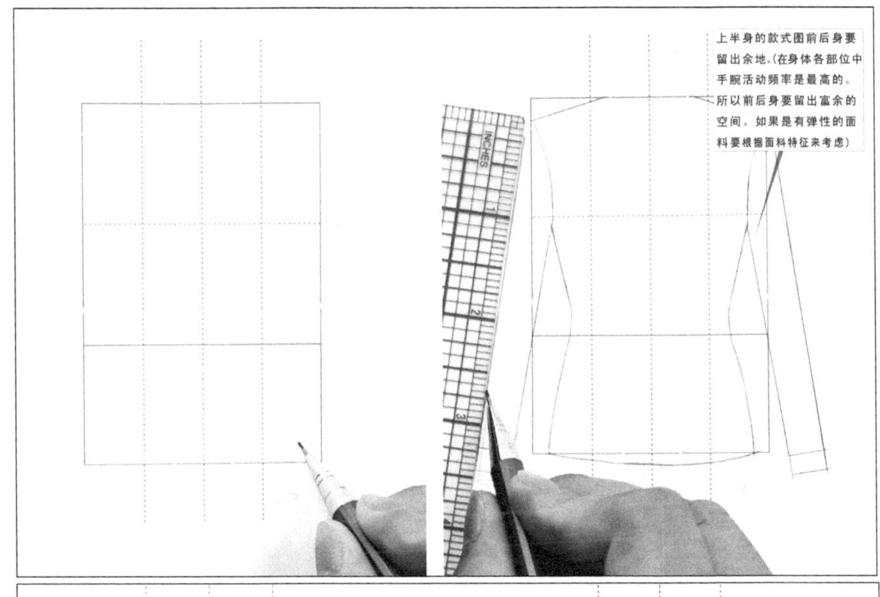

图 3.22　绘制女衬衫轮廓

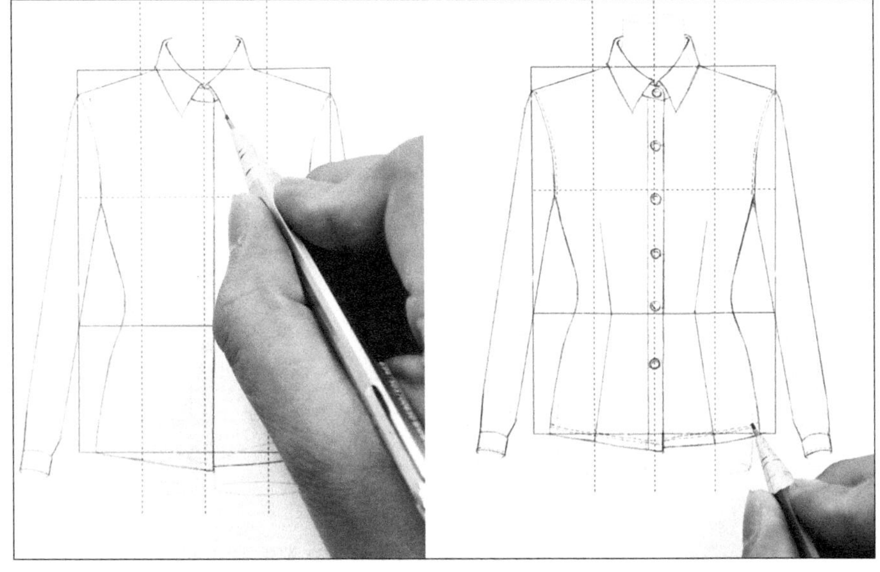

图 3.23　女衬衫款式细节表现

技能拓展：贴体女上装款式的表现

1 领

颈部模型图的表现，如图 3.24 所示。

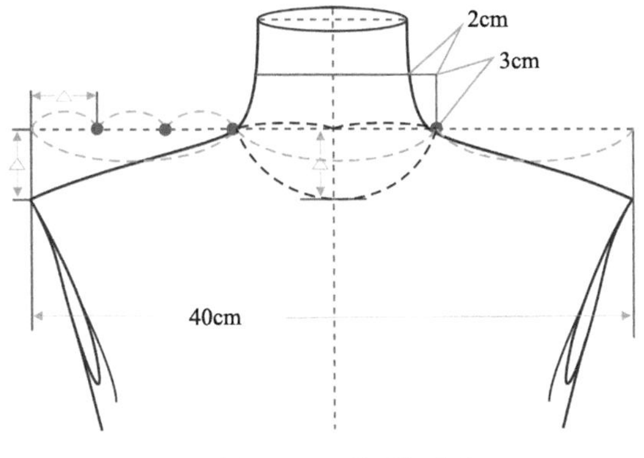

图 3.24　颈部模型图

按结构来区分，领大致可分为以下四种形式。

（1）无领（如图 3.25 所示）

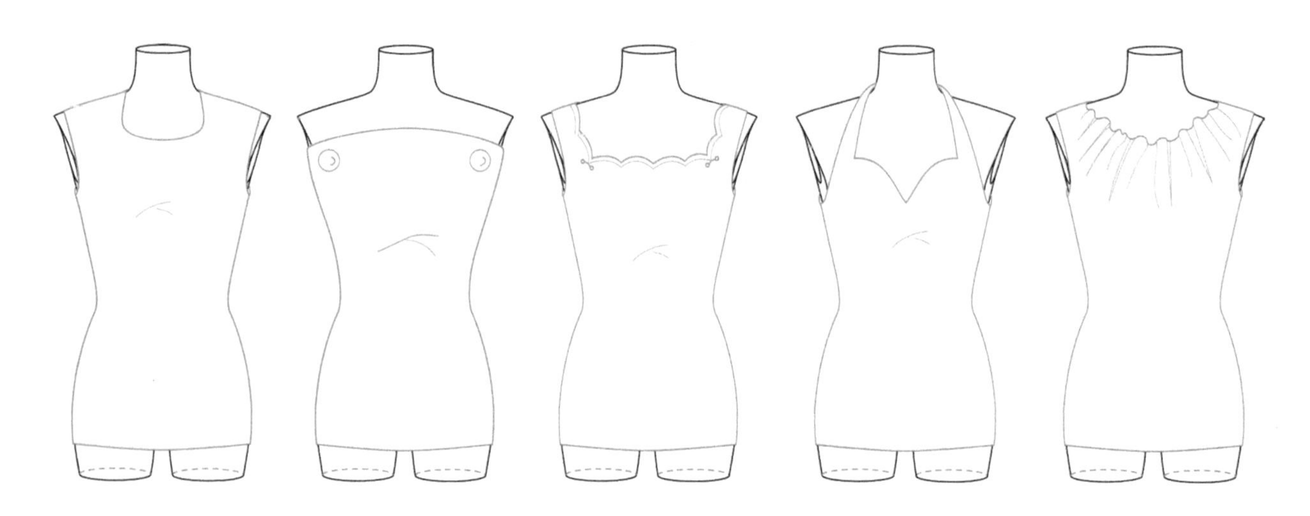

图 3.25 无领款式

（2）立领（如图 3.26 ～图 3.29 所示）

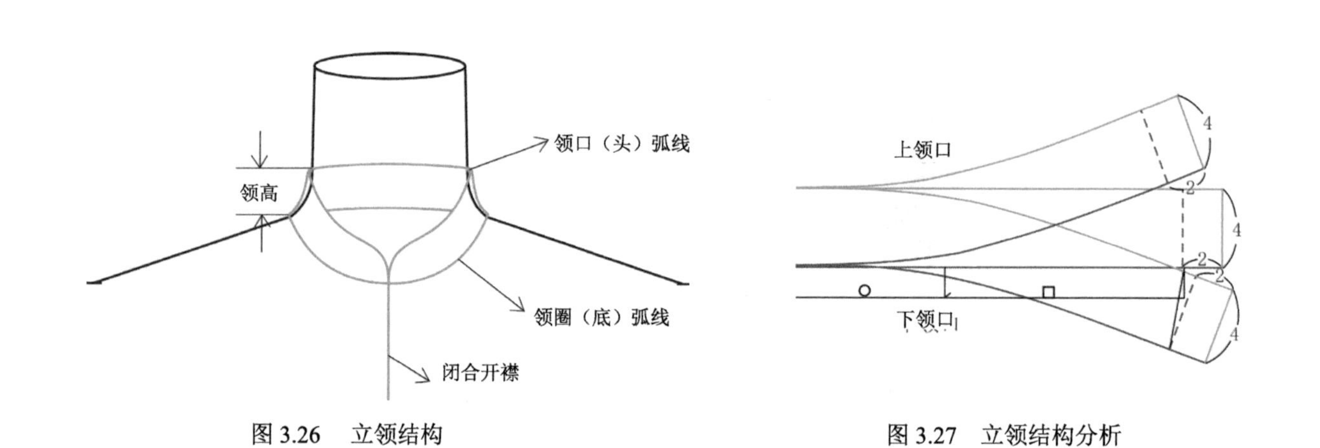

图 3.26 立领结构

图 3.27 立领结构分析

图 3.28 立领款式（一）

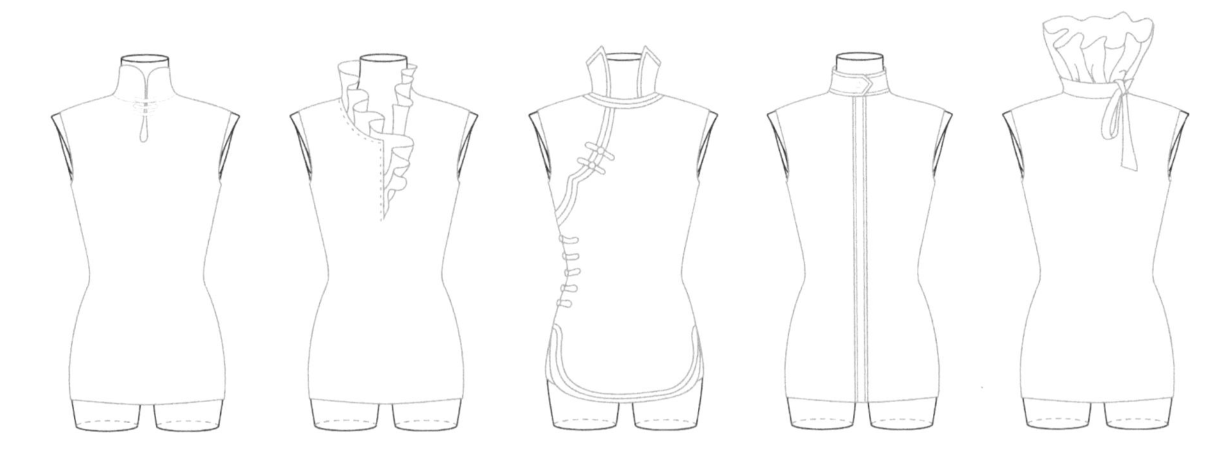

图 3.29　立领款式（二）

（3）翻立领（如图 3.30 和图 3.31 所示）

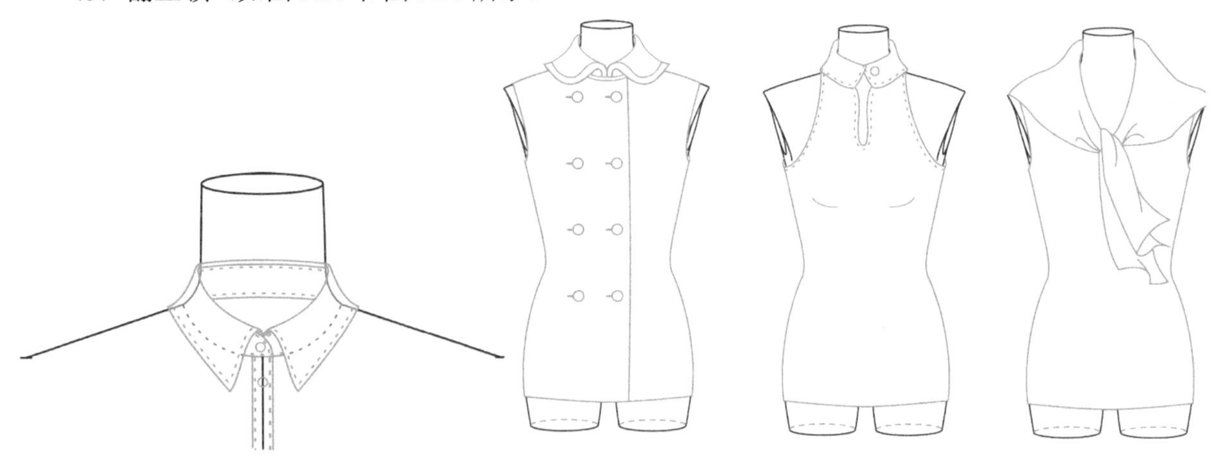

图 3.30　翻立领　　　　图 3.31　翻立领款式

（4）翻驳领（如图 3.32 和图 3.33 所示）

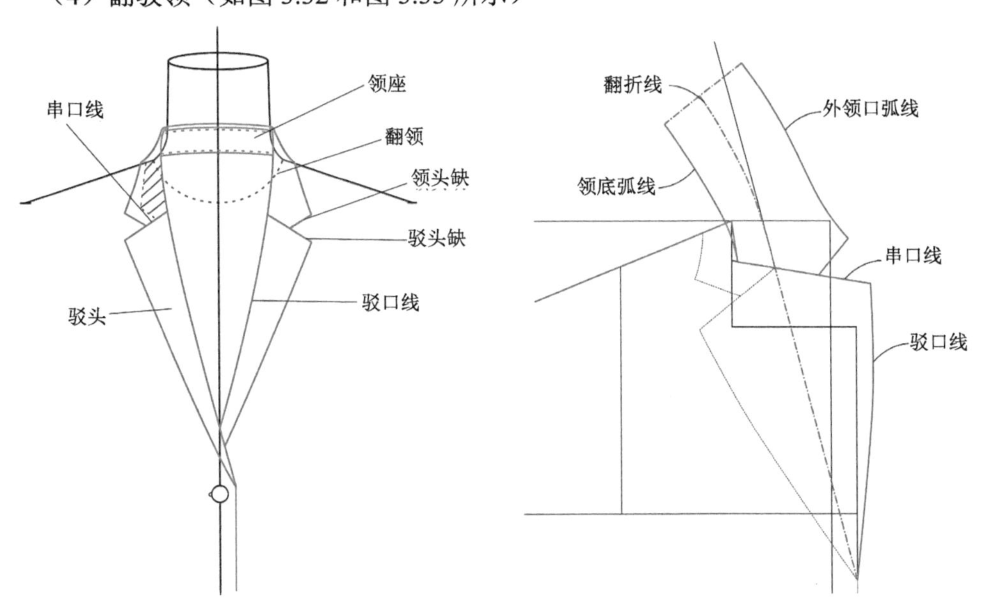

图 3.32　翻驳领结构及结构分析

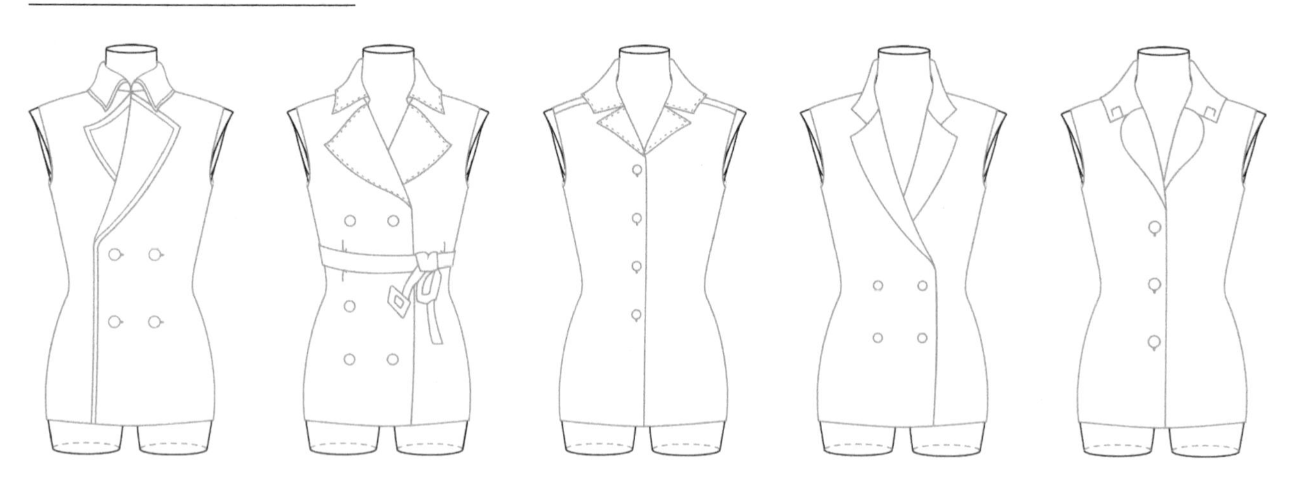

图 3.33　翻驳领款式

2 袖

袖子模型图表现，如图 3.34 和图 3.35 所示。

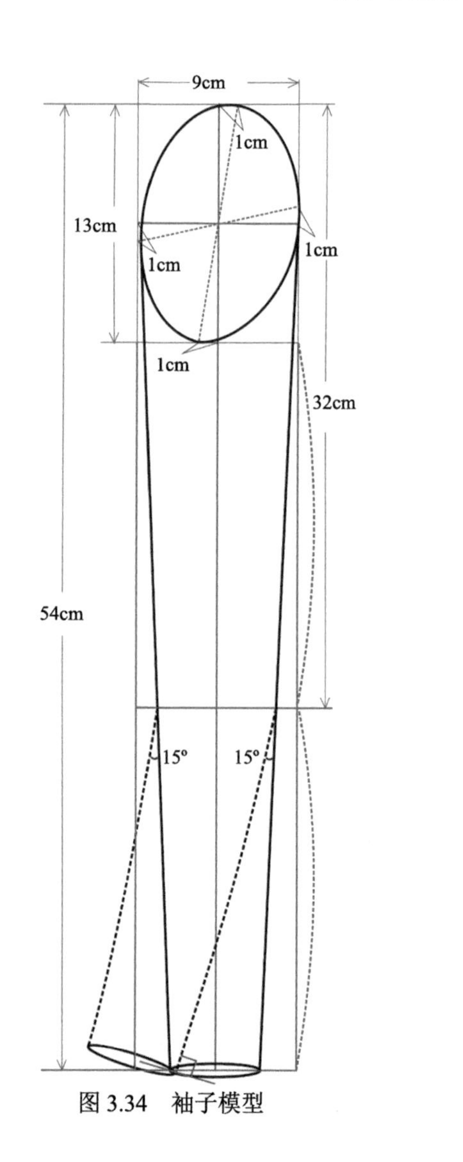

图 3.34　袖子模型

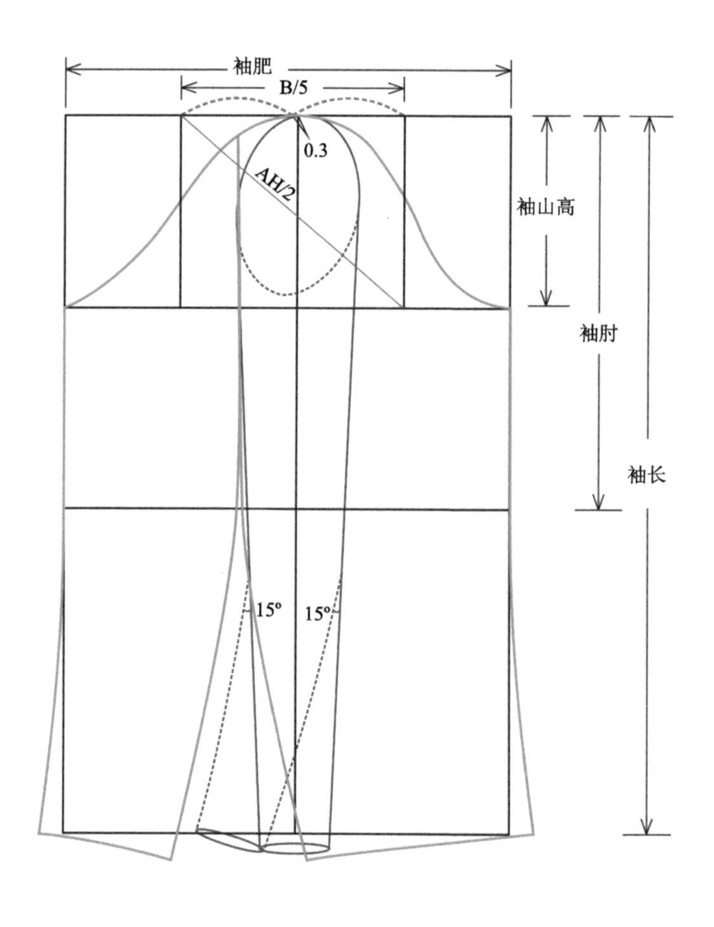

图 3.35　袖子结构分析

按结构来分，袖子可以表现为以下四种。

（1）装袖（如图 3.36 所示）

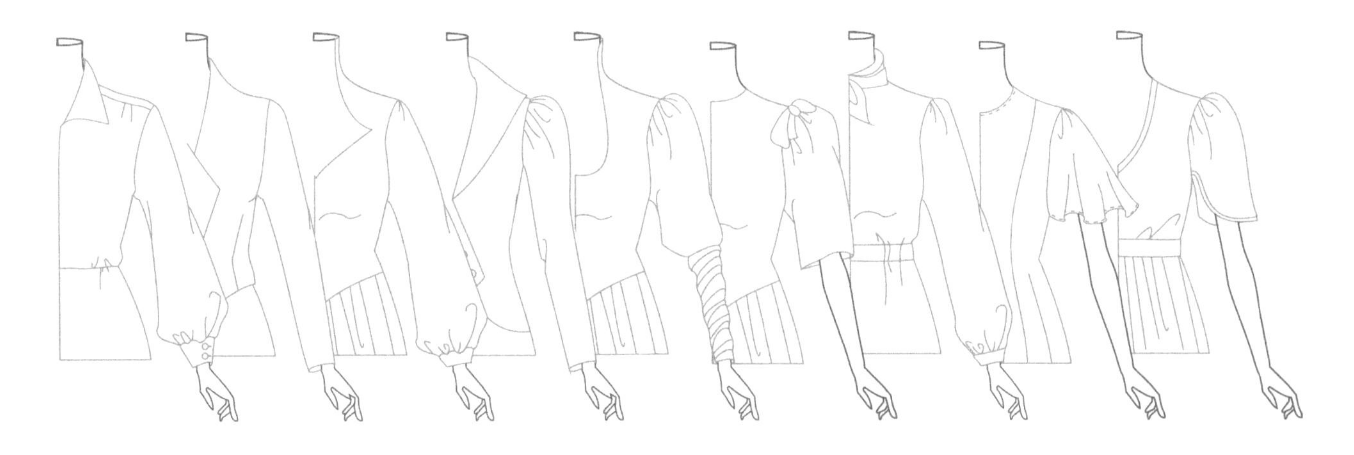

图 3.36　装袖款式

（2）无袖（如图 3.36 所示）

（3）插肩袖（如图 3.38 所示）

（4）连衣袖（如图 3.39 所示）

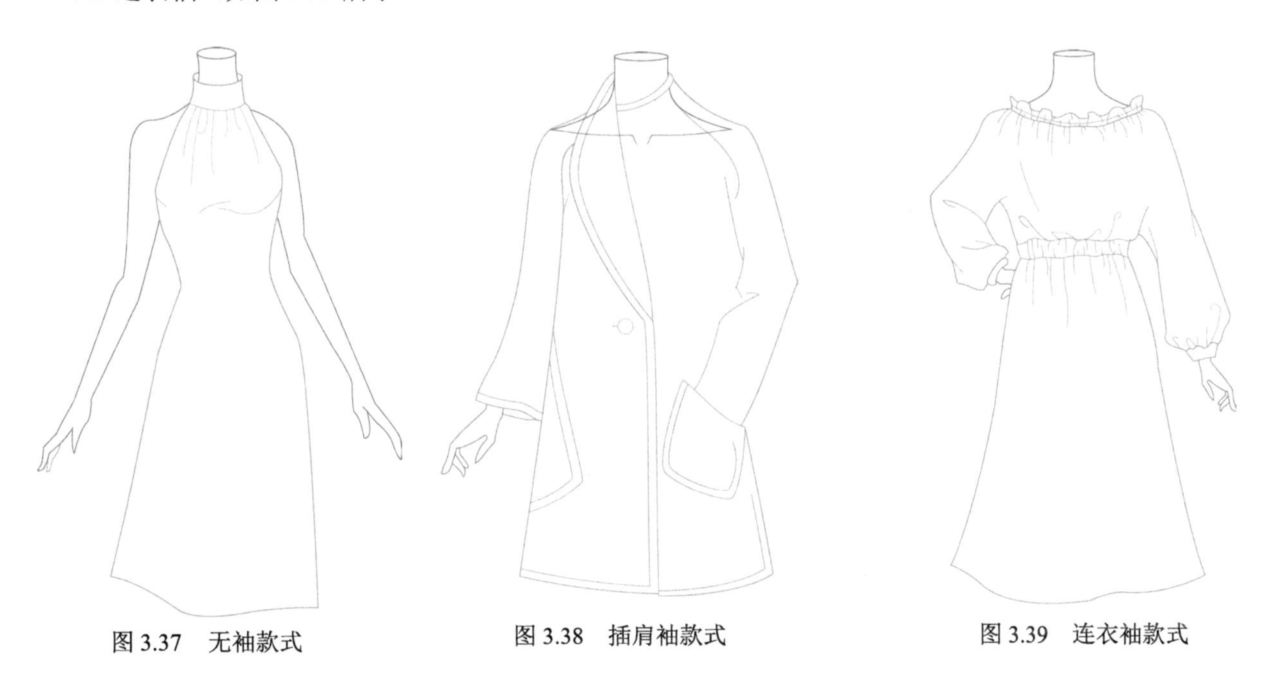

图 3.37　无袖款式　　图 3.38　插肩袖款式　　图 3.39　连衣袖款式

3 内衣（胸衣）

胸衣模型结构表现，如图 3.40～图 3.43 所示。

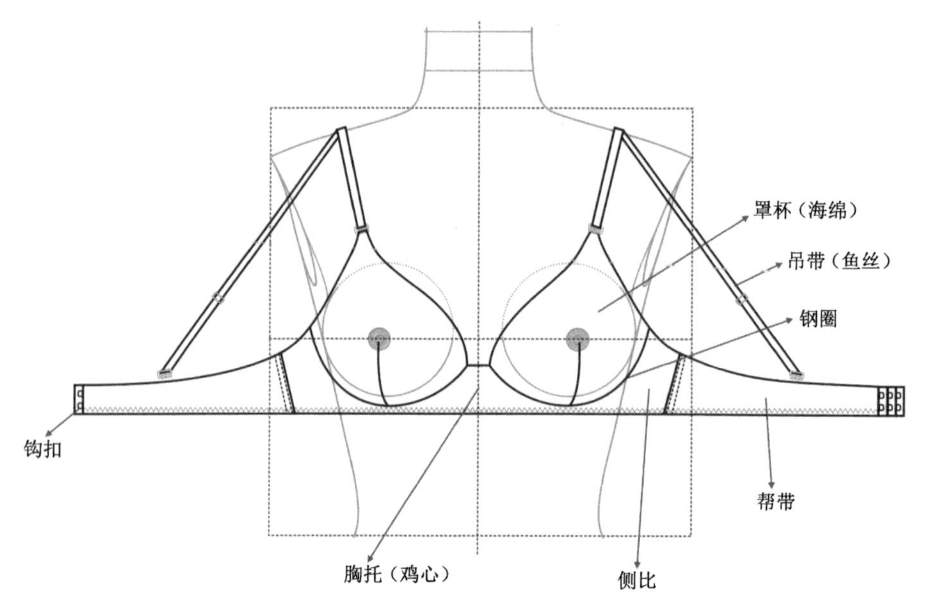

图 3.40　胸衣模型结构

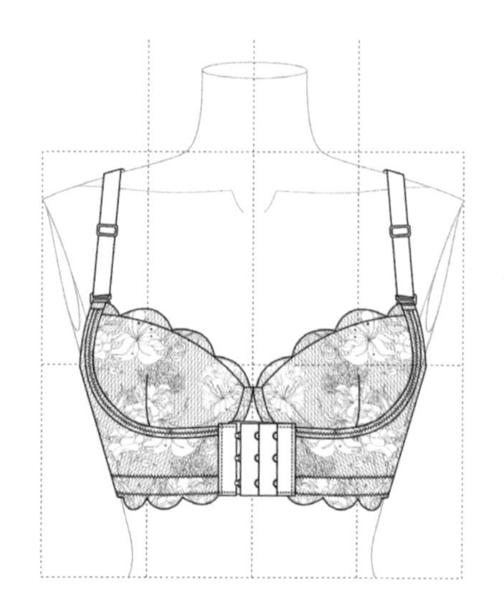

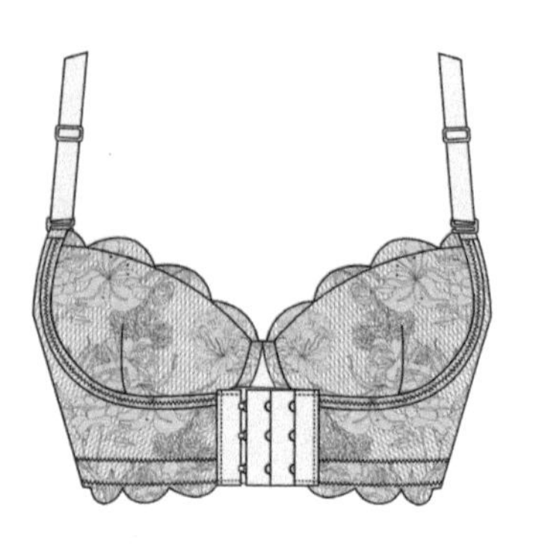

图 3.41　胸衣款式（一）

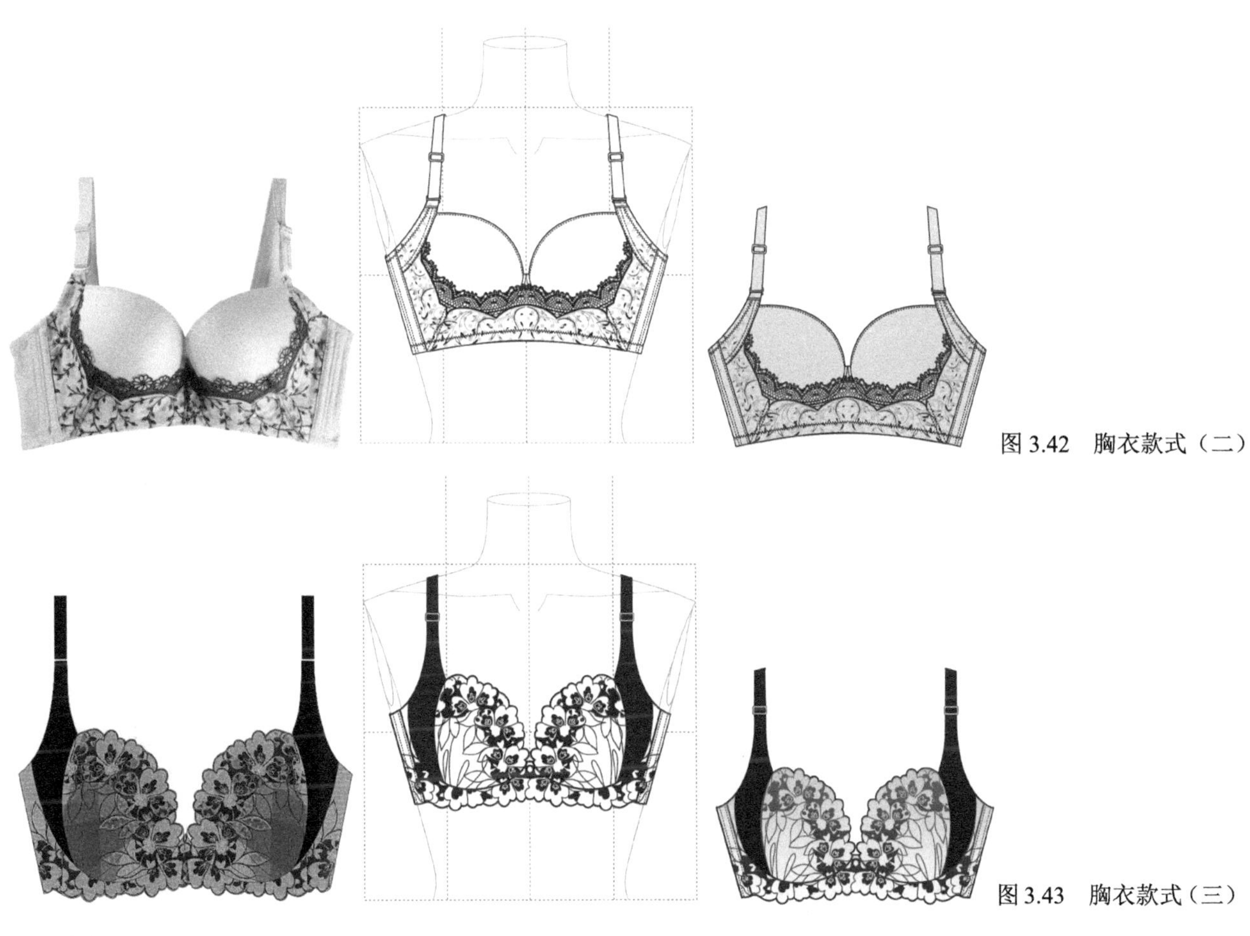

图 3.42 胸衣款式（二）

图 3.43 胸衣款式（三）

4 背心

（1）背心手绘图解（如图 3.44 和图 3.45 所示）

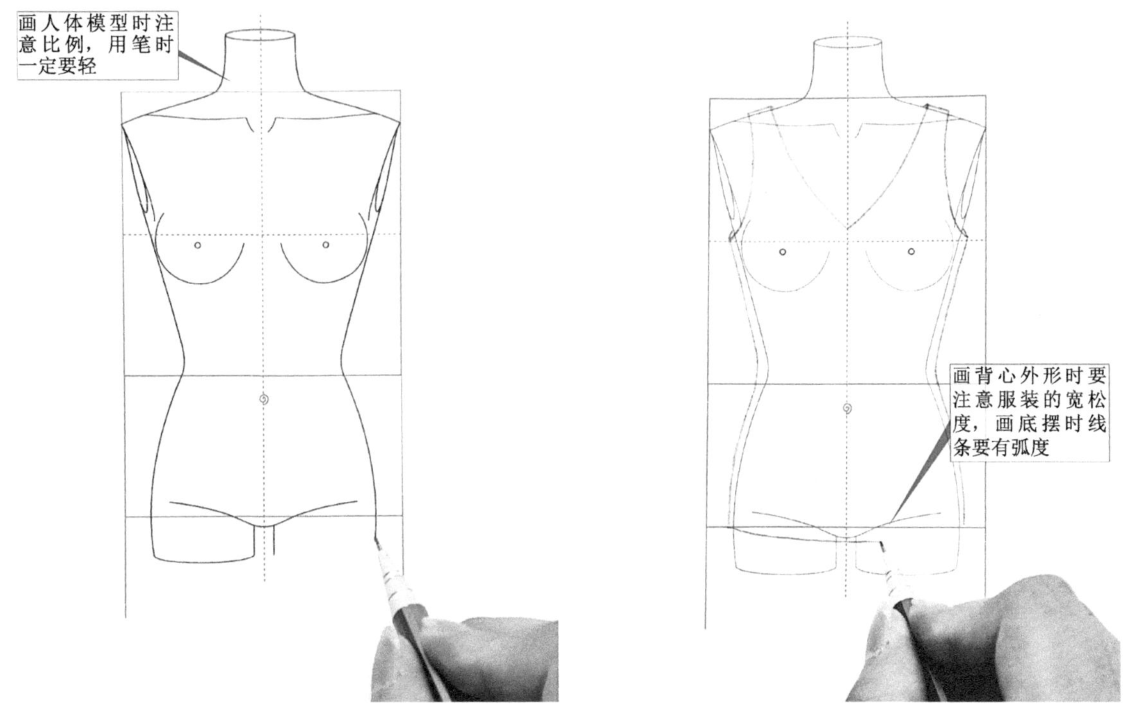

图 3.44 背心手绘表现

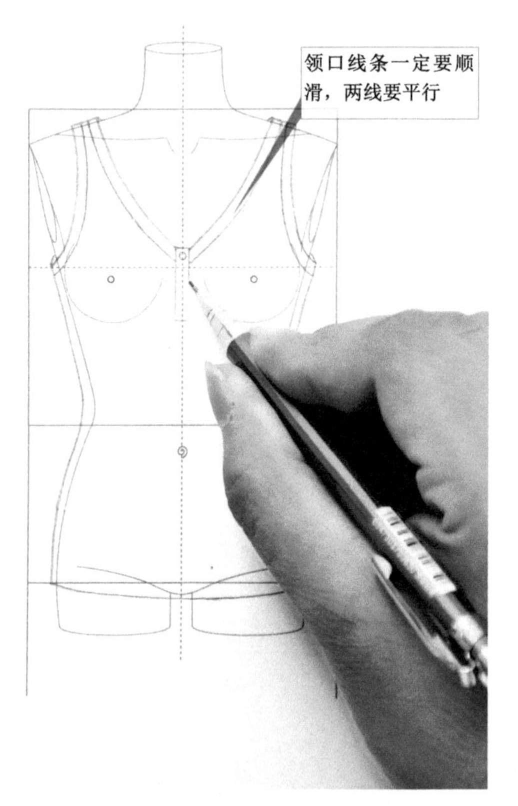

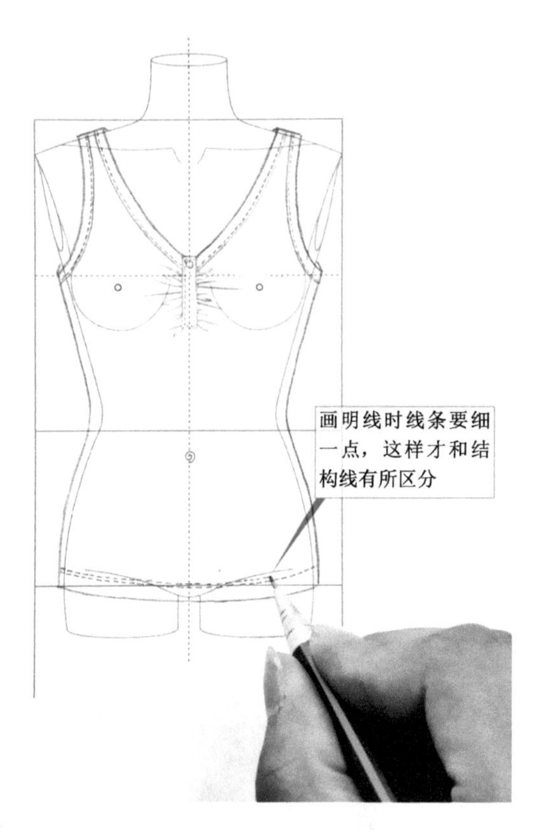

图 3.45　背心细节表现

（2）背心设计的表现

不同款式背心的设计表现，如图 3.46 ～图 3.49 所示。

图 3.46　背心款式（一）

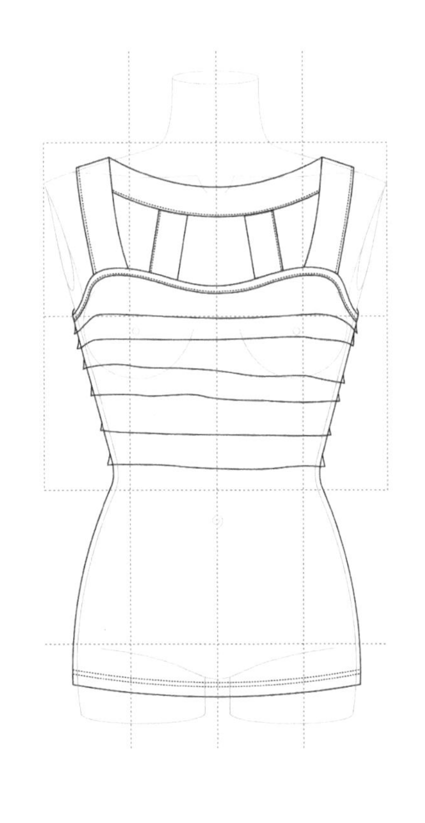

图 3.47 背心款式（二）正面

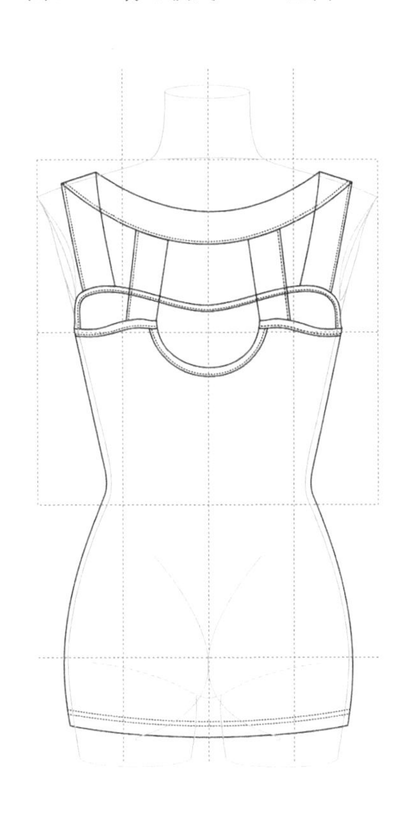

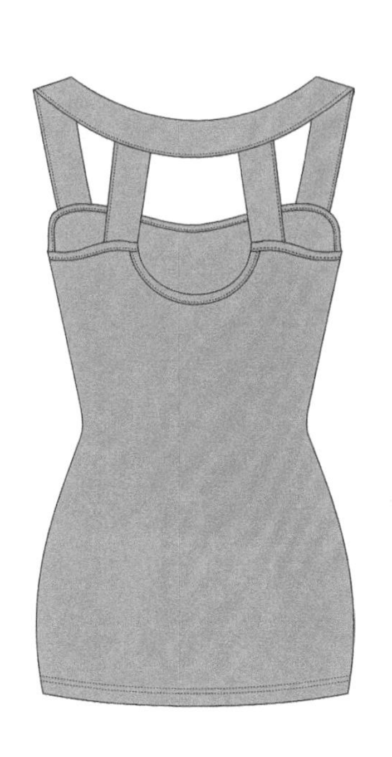

图 3.48 背心款式（二）背面

图 3.49　背心款式（三）

5 T 恤

不同款式 T 恤的表现，如图 3.50～图 3.52 所示。

图 3.50　男 T 恤款式

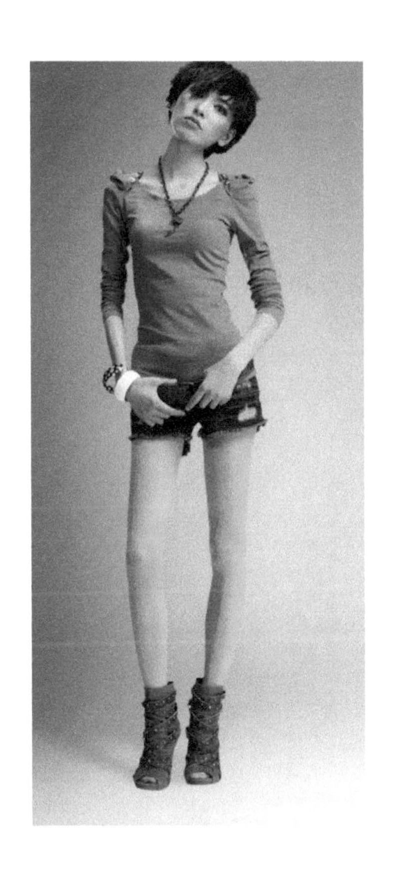

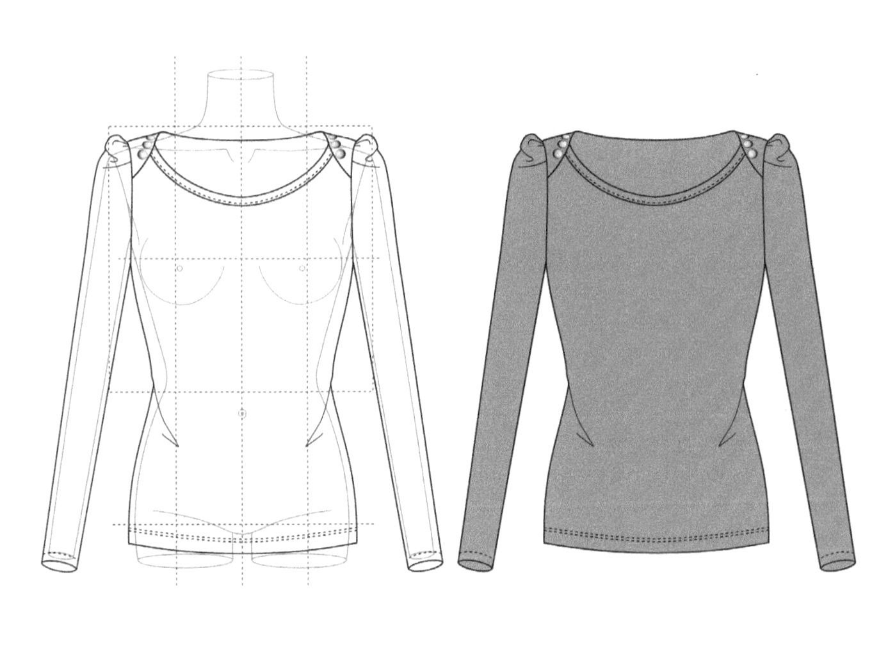

图 3.51　女 T 恤款式（一）

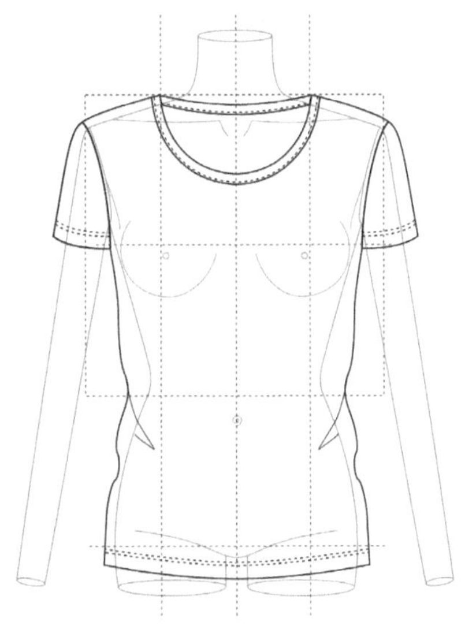

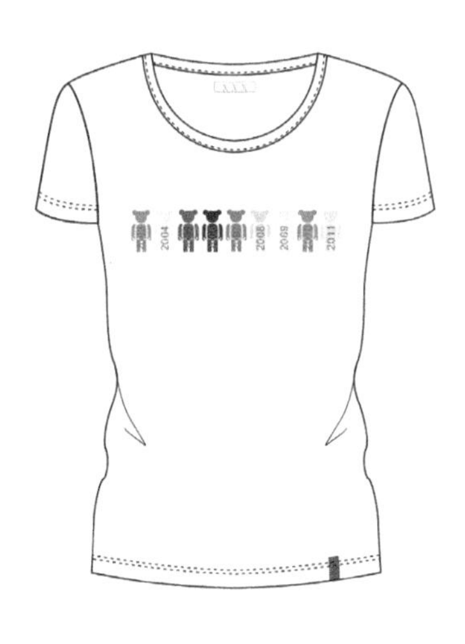

图 3.52　女 T 恤款式（二）

任务3.3 外套女上装款式图表现

【任务要求】 熟知外套造型设计特点与着装效果，能准确表现外套款式，画出款式图。

理论与方法：外套女上装款式图表现要点

绘制款式图之前，必须熟知外套款式的结构特点和规格尺寸，并结合人体着装效果来进行绘制，如图 3.53 所示。

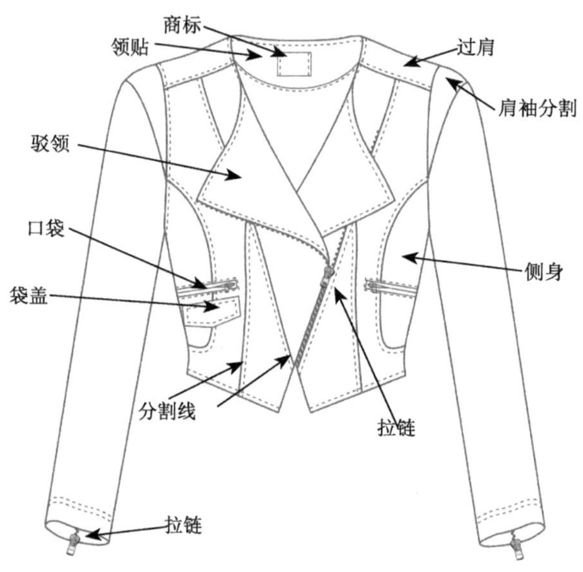

图 3.53 外套上装款式图解

实践与操作：绘制外套女上装款式图

图 3.54 外套款式

1 实训资源

场地：课室、画室、工作室、有台桌的工作间均可。

工具：铅笔、橡皮、短直尺、皮尺、A4 纸或稍厚白纸。

参照物：外套（可以是实物、图片或效果图）。

2 分组讨论并分析

（1）女外套的结构特点分析

图 3.54 所示的女外套造型呈 V 形，衣身较短、长袖、无领、门襟可翻折成驳领状。衣身分割多，左右口袋都装拉链与门襟呼应，但左右口袋有变化，内有衬底。

（2）规格尺寸分析

外套主要尺寸有衫长、袖长、胸围、腰围、领围、肩宽、袖口。如果参照物是实物，以上尺寸均可直接量取；如果参照物是图片或效果图，则图要基于标准人体净尺寸、对比着装效果加以分析得出。外套着装效果一般要求适体偏宽松，所以外套成品胸围加放量在 15cm 左右。

女外套参考规格尺寸参见表 3.2。

表 3.2　女外套规格尺寸　　单位：cm

衫长	袖长	胸围	腰围	领围	肩宽	袖口
50	58	96	76	36	39	28

3 女外套绘画的步骤与方法

第一步：套用人体模型，画出衣身外形轮廓，如图 3.55所示。

方法：参照规格尺寸与人体比例结构及款式的外形特点，画出衣身外形轮廓。

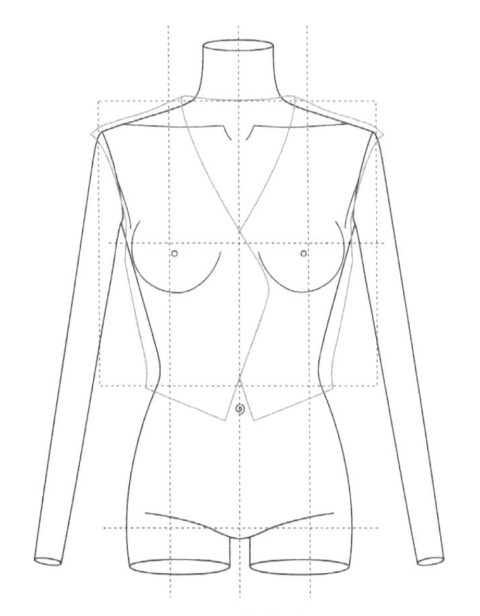

图 3.55　女外套衣身外形轮廓

第二步：画出领、袖，如图 3.56所示。

方法：参照款式局部特点与整体比例的位置关系，画出领、袖轮廓。

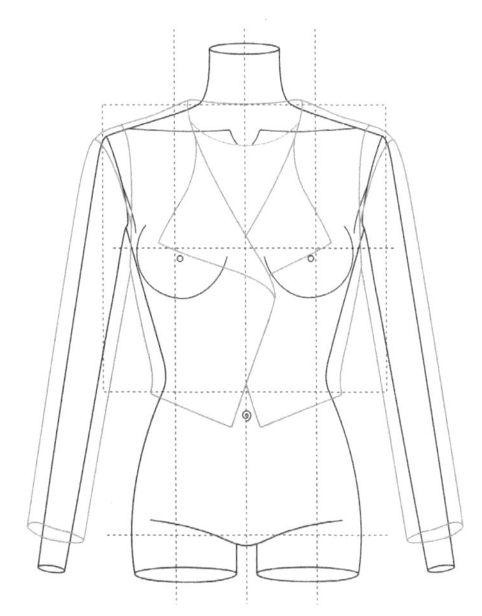

图 3.56　领、袖轮廓

第三步：表现内部结构变化，如图 3.57 所示。

方法：根据成衣的工艺要求或设计要求，参照整体比例画出分割线和口袋。

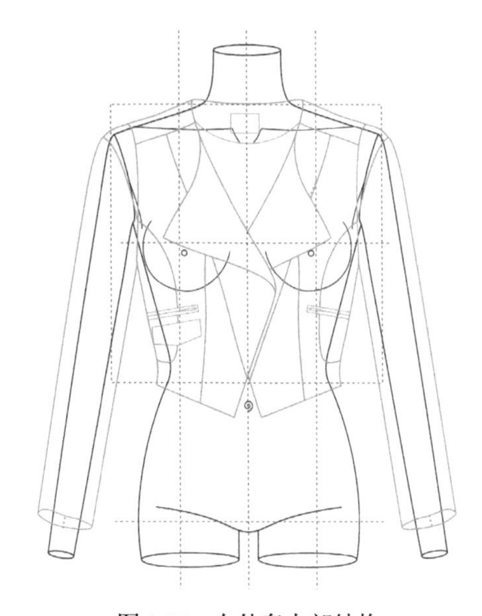

图 3.57　女外套内部结构

图 3.58　女外套装饰表现

第四步：画出装饰物件，如图 3.58 所示。

方法：参照成衣或者设计的需求，画出款式所有的装饰物件。

第五步：自行设计背面效果并表现出来，步骤方法同上。

技能拓展：女上装外套款式的表现

1　参照照片来表现

女上装外套款式参照照片来表现，如图 3.59 ～图 3.63 所示。

图 3.59
参照照片表现（一）

图 3.60
参照照片表现(二)

图 3.61
参照照片表现(三)

图 3.62
参照照片表现(四)

图 3.63　参照照片表现（五）

2 参照实物来表现

女上装外套款式参照实物来表现，如图3.64～图3.66所示。

图 3.64　参照实物表现（一）

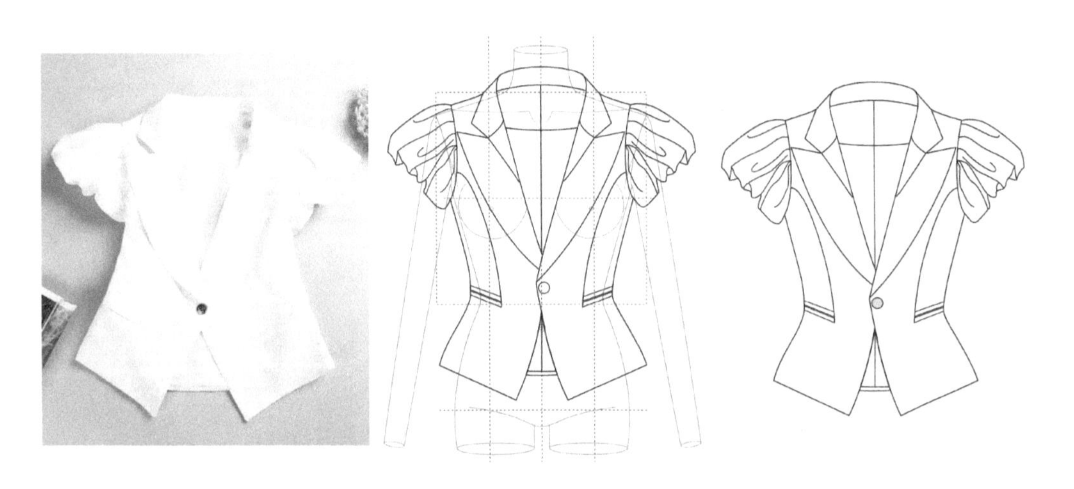

图 3.65
参照实物表现（二）

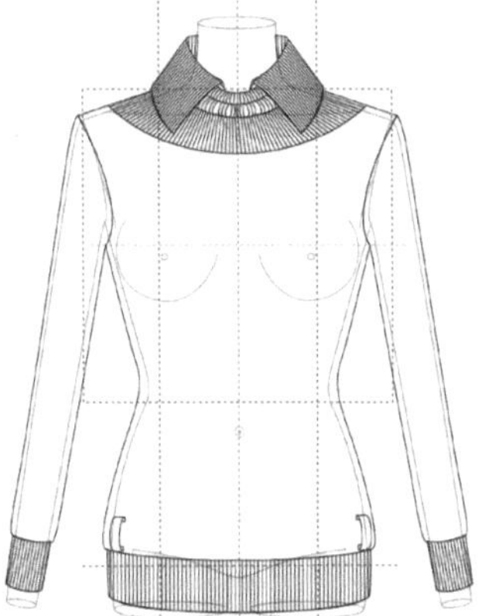

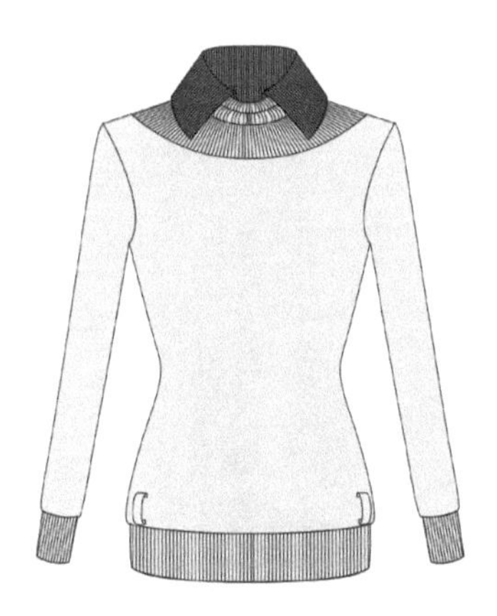

图 3.66
参照实物表现（三）

3 参照效果图来表现

女上装外套款式参照效果图来表现，如图 3.67 ～图 3.70 所示。

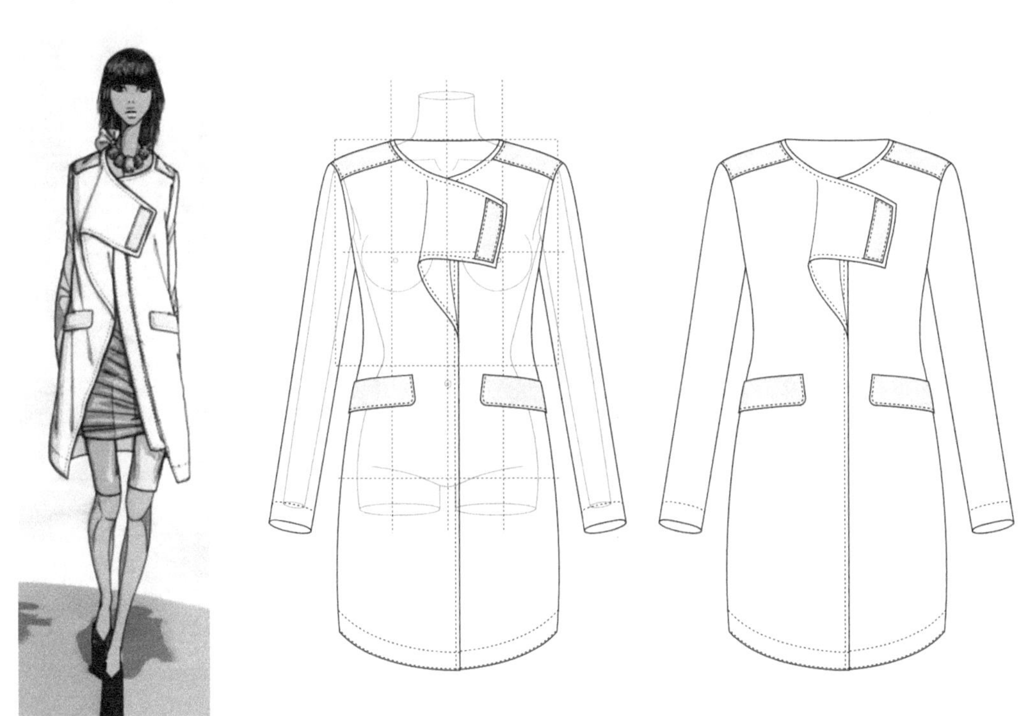

图 3.67
参照效果图表现（一）

图 3.68　参照效果图表现（二）

图 3.69　参照效果图表现（三）

图 3.70　参照效果图表现（四）

任务 3.4 男上装款式图表现

【任务要求】　　熟知男上装造型设计特点与着装效果，能准确表现男上装款式，画出款式图。

理论与方法：男上装款式图表现要点

绘制款式图之前，必须熟知男上装款式的结构特点和规格尺寸，并结合人体着装效果来进行绘制，如图 3.71 和图 3.72 所示。

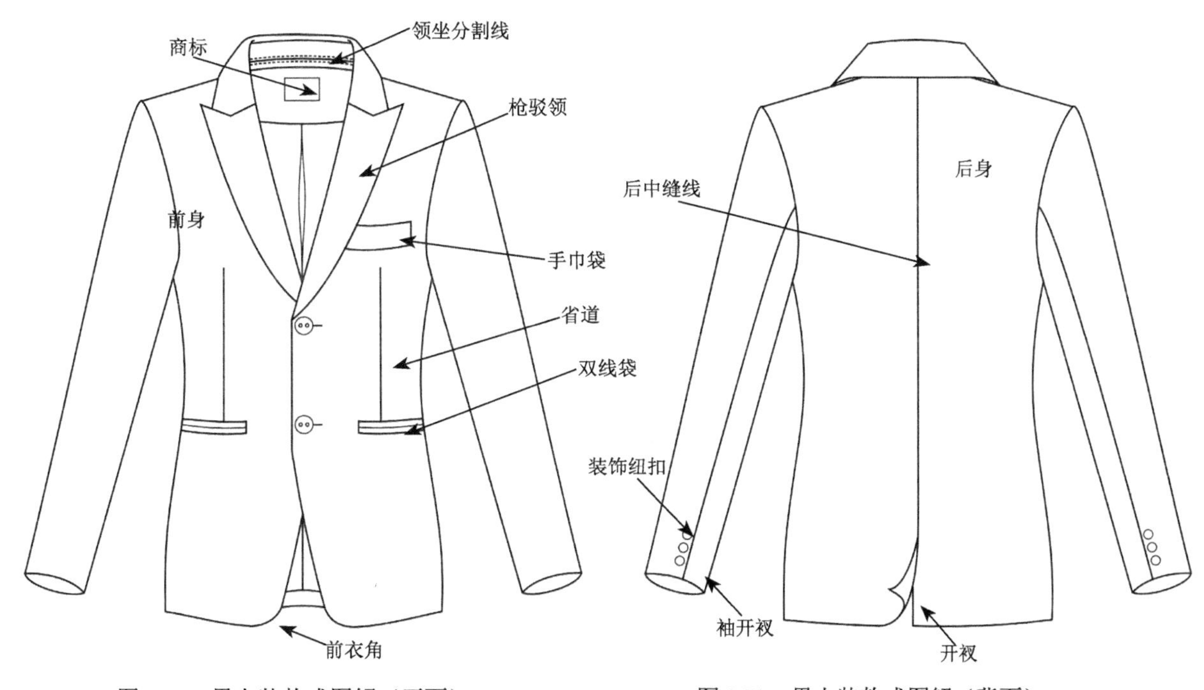

图 3.71　男上装款式图解（正面）　　图 3.72　男上装款式图解（背面）

实践与操作：绘制男西装款式图

1 实训资源

场地：课室、画室、工作室、有台桌的工作间均可。
工具：铅笔、橡皮、短直尺、皮尺、A4 纸或稍厚白纸。
参照物：男西装（可以是实物、图片或效果图）。

2 分组讨论并分析

（1）男西装的结构特点分析

男西装主要有正装和休闲装之分，例如，图 3.73 所示的西装特点为正装枪驳头、两粒扣、三开身、双袋线开袋装袋盖，手巾袋、收胸省、

图 3.73　男西装

圆角下摆、开后中叉、圆装两片袖、开袖衩、钉饰钮等。

（2）规格尺寸分析

男西装主要尺寸有衫长、袖长、胸围、腰围、领围、肩宽、袖口。如果参照物是实物，以上尺寸均可直接量取；如参照物是图片或效果图，要基于标准人体净体尺寸、对比着装效果加以分析得出，西装着装效果一般要求胸部适体偏向宽松一点，所以西装成品胸围加放量在15cm左右。

男西装参考规格尺寸参见表3.3。

表3.3　男西装规格尺寸　　单位：cm

衫长	袖长	胸围	腰围	领围	肩宽	袖口
80	62	116	102	43	48	29

3 男西装款式绘画步骤与方法

第一步：画出人体模型与外形轮廓，如图3.74所示。

方法：参照规格尺寸与人体比例结构及款式的外形特点，先画出结构方框，再画出外形轮廓。

第二步：画出领、袖，如图3.75所示。

方法：参照款式特点与整体比例的位置关系，画出领、袖轮廓。

图3.74　男西装外形轮廓

图3.75　领、袖轮廓

第三步：画出内部结构和装饰物件，如图3.76所示。

方法：参照成衣或者设计的需求，画出款式所有的内部结构和装饰物件。

第四步：画背面图或侧面图，如图3.77所示。

方法：参照以上方法画出背面图或侧面图。

图 3.76　男西装内部结构及装饰表现

图 3.77　男西装背面图

4 男西装款式图手绘图解

男西装款式图手绘图解，如图 3.78 和图 3.79 所示。

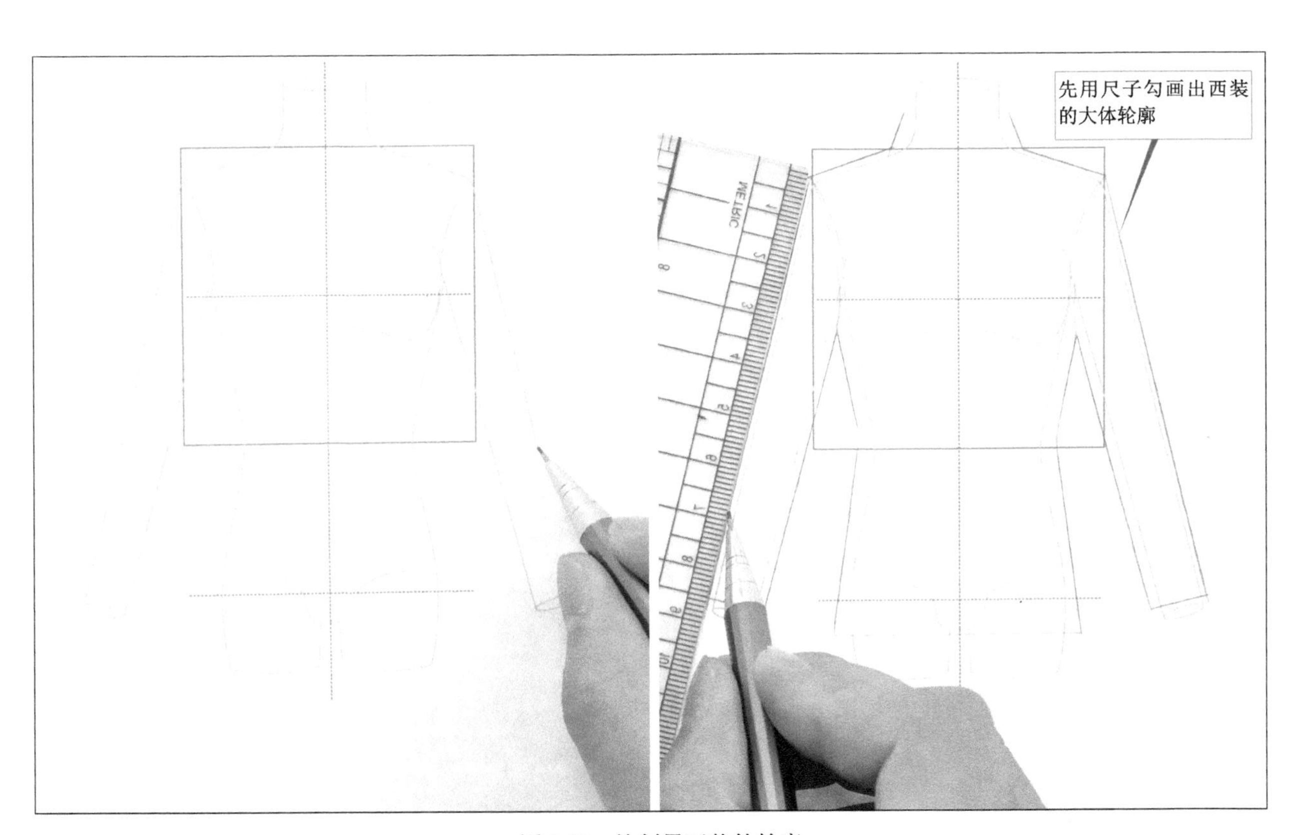

图 3.78　绘制男西装外轮廓

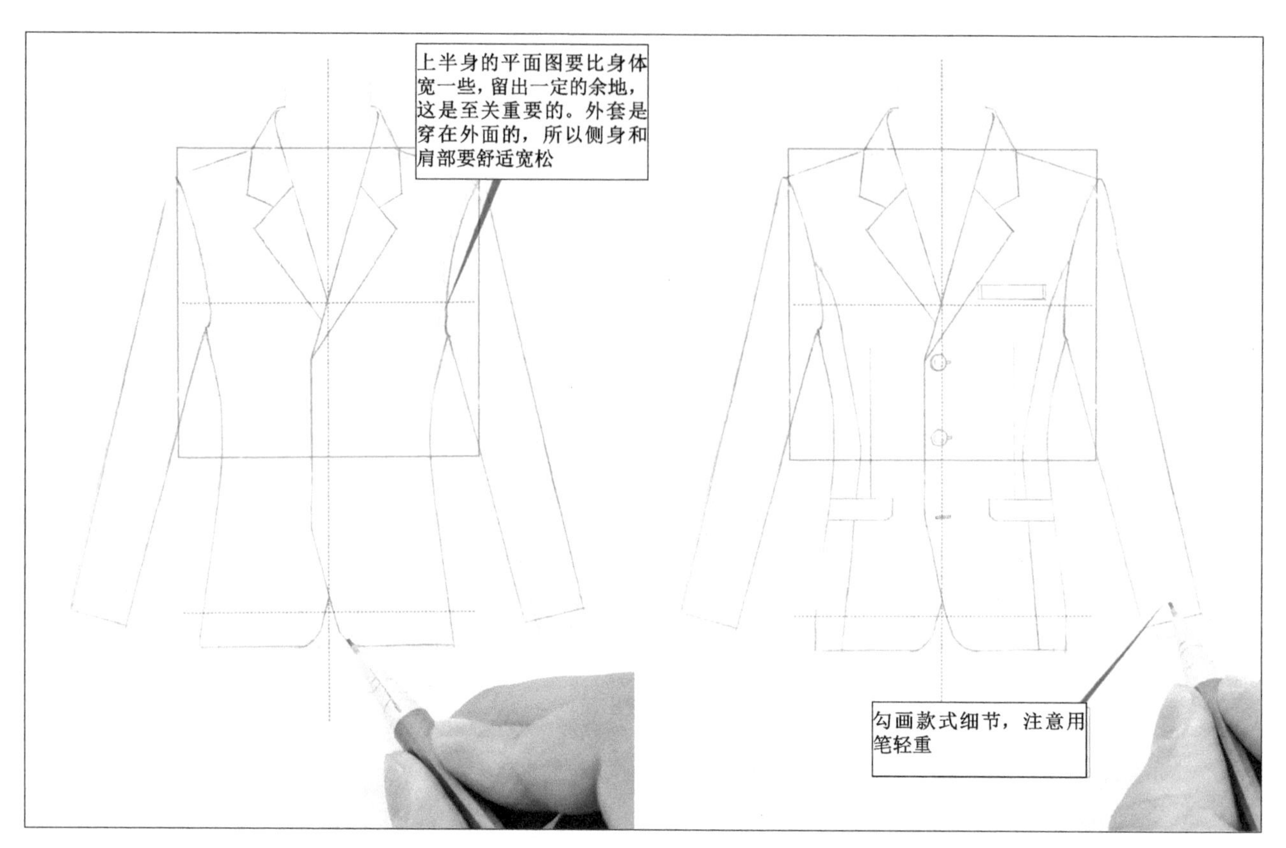

图 3.79　男西装款式细节表现

技能拓展：男上装款式的表现

1 男装夹克

男装夹克款式表现，如图3.80～图3.82所示。

图 3.80　男装夹克款式（一）

图 3.81　男装夹克款式（二）

图 3.82　男装夹克款式（三）

2 男装大衣

男装大衣款式表现，如图3.83～图3.85所示。

图 3.83　男装大衣款式（一）

图 3.84 男装大衣款式（二）

图 3.85 男装大衣款式（三）

3 男毛衫

男毛衫款式表现，如图 3.86～图 3.88 所示。

图 3.86 男毛衫款式（一）

图 3.87　男毛衫款式（二）

图 3.88　男毛衫款式（三）

4 风衣款式图手绘图解

风衣款式图手绘图解，如图 3.89 ～图 3.90 所示。

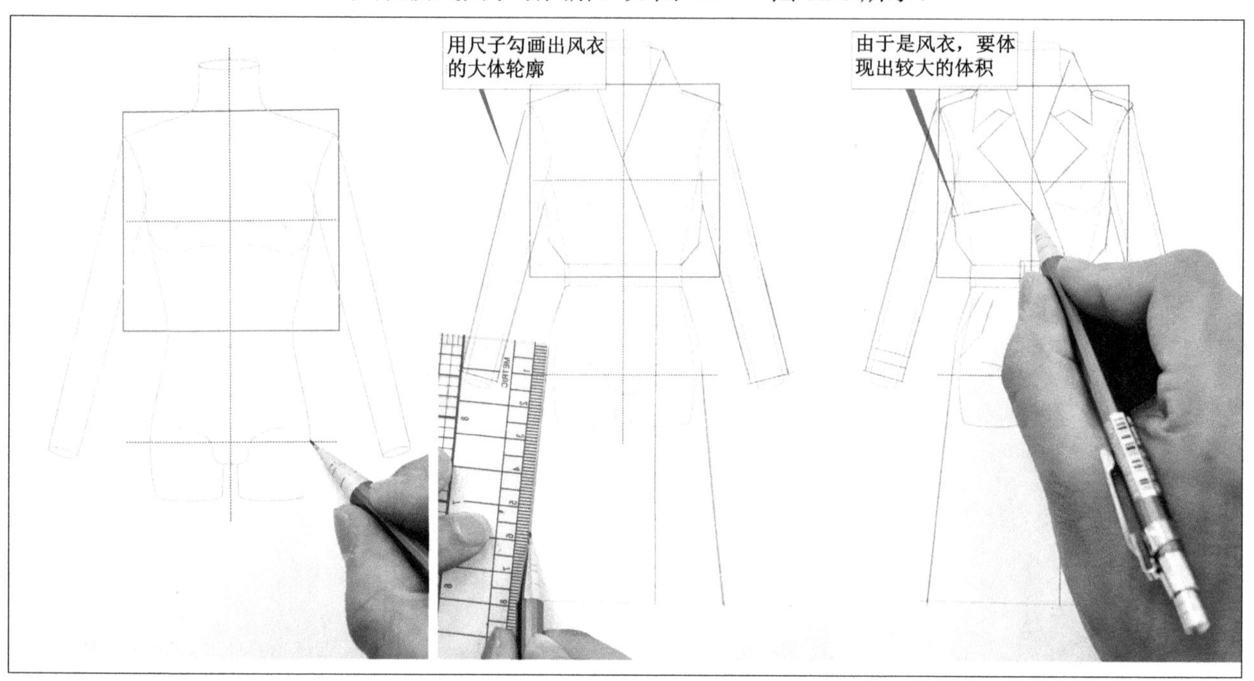

图 3.89　绘制风衣外轮廓

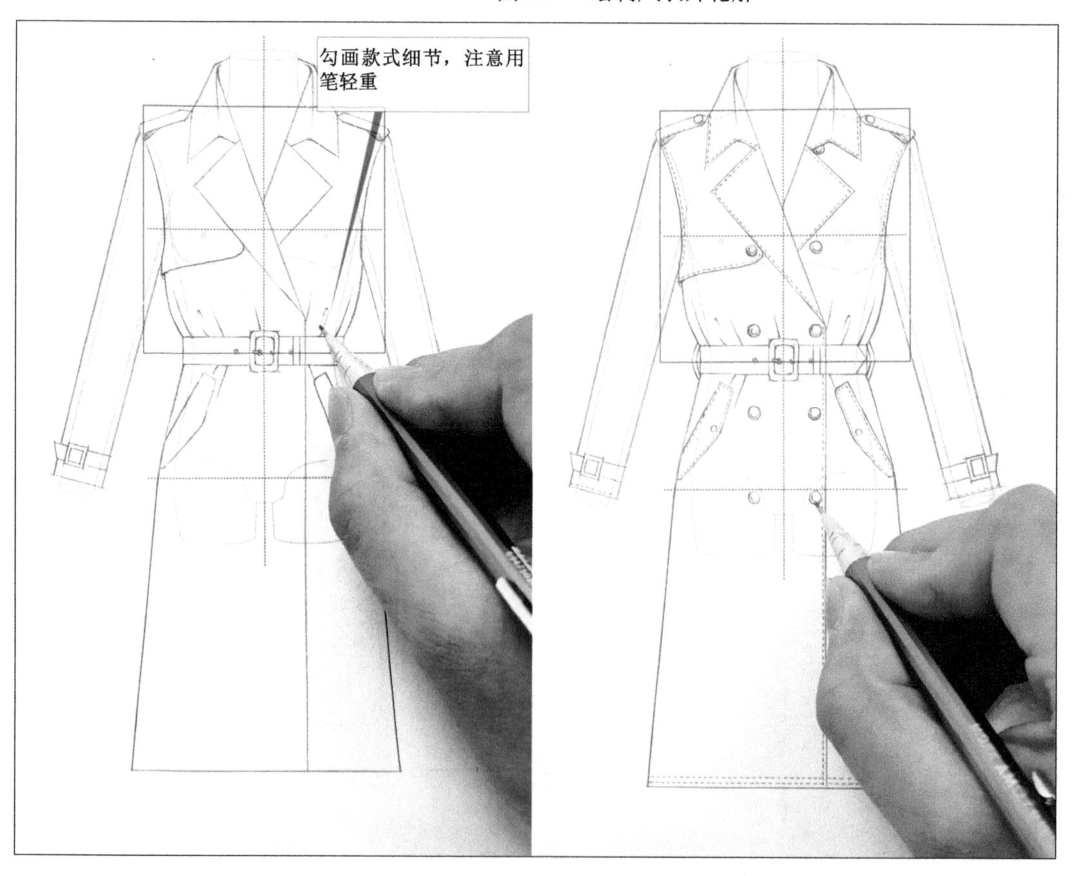

图 3.90　风衣款式细节表现

任务 3.5 课堂训练与课后练习

款式欣赏1：女上装款式

1 内衣（胸衣）

胸衣款式欣赏如图 3.91 所示。

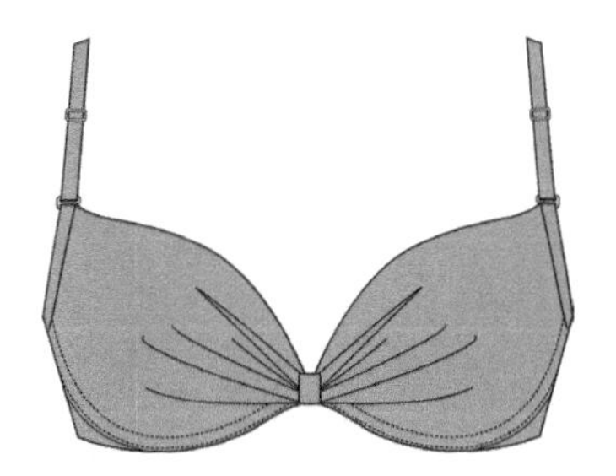

图 3.91　胸衣款式

2 背心

背心款式欣赏如图 3.92 所示。

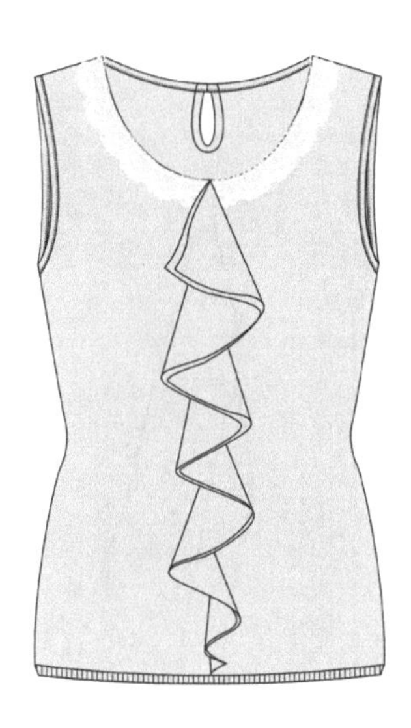

图 3.92　背心款式

3 连衣裙

连衣裙款式欣赏如图 3.93 所示。

图 3.93　连衣裙款式

4 衬衣

衬衣款式欣赏如图 3.94 所示。

图 3.94　衬衣款式

5 外套

外套款式欣赏如图 3.95 所示。

图 3.95
外套款式

6 毛衫

毛衫款式欣赏如图 3.96 所示。

图 3.96
毛衫款式

作业布置 1：设计一款女上装款式图并制单

设计画出女上装款式图，以制单形式表现出来，最后选择一款制作成品并展示评比。

任务操作过程：

1. 布置任务并分组，确定小组团队负责人。
2. 由负责人分派任务，计划实施。
3. 收集信息并讨论得出信息结果。
4. 依据信息设计画出款式图。
5. 设计制单，并以生产制单的形式表现出来。
6. 选择一款自定规格制作出成品。
7. 展示、互相观摩并评分。

款式欣赏 2：男上装款式

1 男式T恤

男式T恤款式欣赏如图 3.97 所示。

图 3.97　男式T恤款式

2 男式衬衣

男式衬衣款式欣赏如图 3.98 所示。

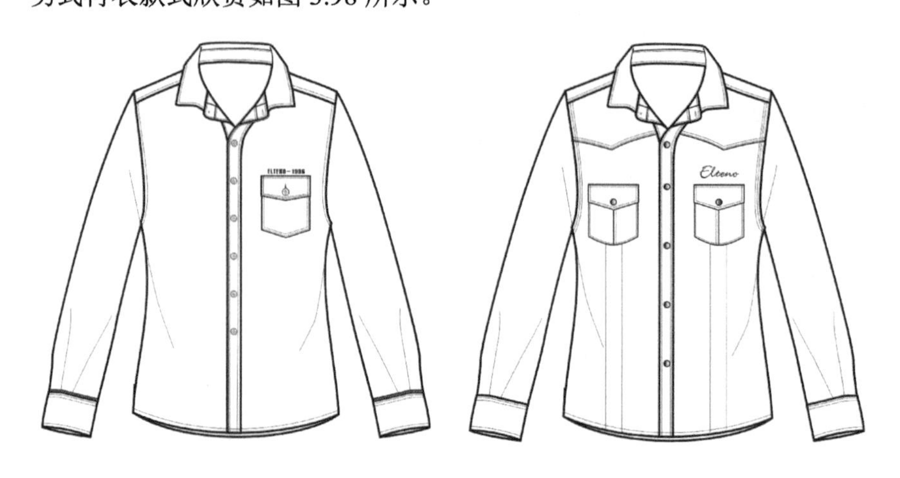

图 3.98　男式衬衣款式

3 男式外套

男式外套款式欣赏如图 3.99 所示。

图 3.99　男式外套款式

4 男式棉袄

男式棉袄正、背面款式欣赏如图 3.100 所示。

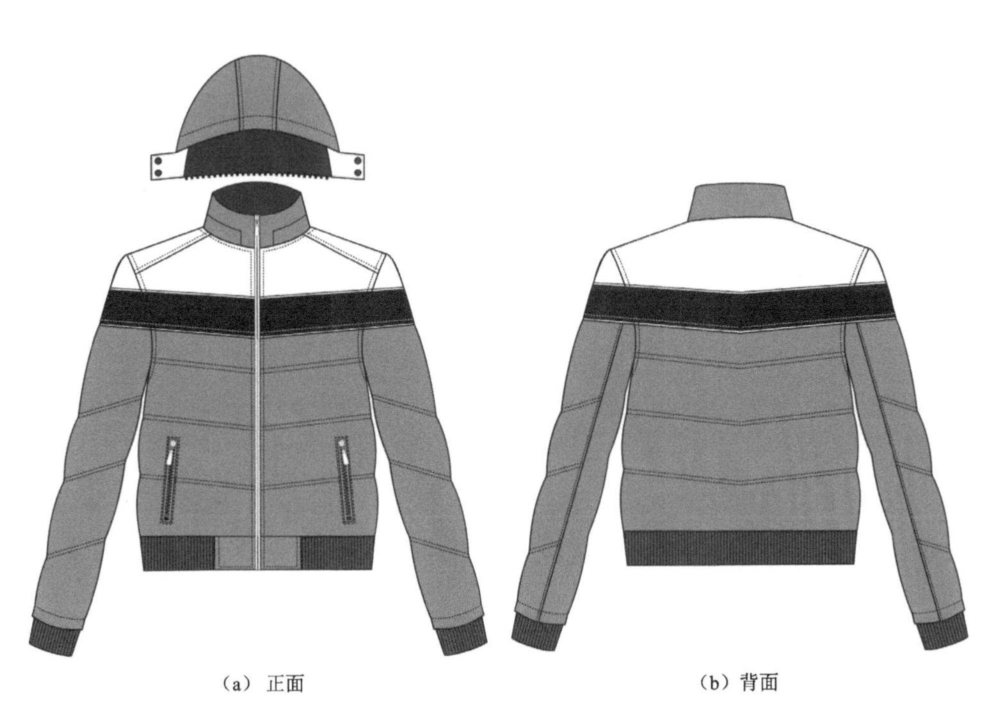

（a）正面　　　　（b）背面

图 3.100　男式棉袄款式

5 男士毛衫

男式毛衫款式欣赏如图 3.101 所示。

图 3.101　男式毛衫款式

作业布置 2：设计一款男上装款式图并制单

设计画出男上装款式图，以制单形式表现出来，最后选择一款制作成品并展示评比。

任务操作过程：

1. 布置任务并分组，确定小组团队负责人。
2. 由负责人分派任务，计划实施。
3. 收集信息并讨论得出信息结果。
4. 依据信息设计画出款式图。
5. 设计制单，并以生产制单的形式表现出来。
6. 选择一款自定规格制作出成品。
7. 展示、互相观摩并评分。

项目4 款式造型设计实践

项目学习目标

学习目标

服装是设计师创作的艺术品，同时也是商品，是商品就会有设计、生产、销售和使用的过程。作为一名优秀的设计师，就是能通过某种形式和手法把自己的设计理念变成实物成品，变成受消费者喜爱的商品。本项目将展示设计者怎样从设计创作服装到将服装变为商品的过程。

商品设计需要紧跟生产的要求、市场的趋势以及消费者的需求，同时也需要产品营销的策略。所以，作为初学的设计者，除掌握款式绘制的原理和方法外，更需要掌握企业、市场的运作模式，不断参与实战操作，积累实操经验。通过不断实践，初学者才能成为一名合格的设计者，才能在设计道路上取得成效并走向成功。

相关知识

设计定位：通过大量的市场调查、品牌对比、素材收集整理，根据品牌的定位确定产品风格与设计方向。

设计表现：使用多种设计表现手法，表达出新的设计构思，绘制产品效果图、款式图，完成设计制单，确定设计方案。

生产要求：根据设计要求，把绘制好的款式图按生产制作的要求绘制生产工艺单，完成产品的制作。

终端管理：跟进了解产品在销售环节中的陈列摆设，色彩、款式风格的搭配，灯光氛围的打造，主题宣传橱窗的设计，争创好的销售业绩。

项目任务

1. 基于设计任务进行信息收集与处理
2. 绘制款式造型并设计任务书
3. 成品设计、制定生产工艺单
4. 成品展示与销售
5. 课堂训练与课后练习

任务4.1 基于设计任务进行信息收集与处理

【任务要求】　通过不同的渠道收集设计开发所需要的信息和资料，掌握多种信息收集的方法和技巧，根据自己产品开发设计的需要筛选处理提取有用的信息。

方法与实践1：信息收集的渠道和方法

1 市场调查

对市场进行考察是把握服装流行动态、收集流行元素的重要途径之一。市场不仅能反映出流行元素，也是设计者的灵感来源地，更是产品的销售目标，因此产品设计来源于市场又回归于市场。设计者只有时时关注市场，才能了解服装流行的新动向以及顾客需求的变化，才能把握好品牌和产品的方向。

市场调查的方式是多种多样的。

主观直接地取得信息——设计者亲身走进服装卖场了解、收集流行的信息和流行趋势动态。例如，产品的流行色彩、新款销售情况、采用的新型面料、设计主题风格、产品陈列方式和活动促销等，都能为设计者带来新的启发。

侧面调查取得信息——派发调查问卷，通过消费者对市场需求的反馈而了解市场信息动态，如表4.1所示。

通过其他方式手段收集直观的信息进行对比分析——可以使用数码照相机或摄像机拍摄服装卖场图片信息进行整理对比；也可以通过纸笔记录销售信息，然后通过表格对信息进行对比分析，撰写市场调查报告。

表4.1　大学生服装消费调查问卷

亲爱的同学：你好！为了进一步了解在校大学生的服装消费心理，熟悉大学生的服装消费结构，最终引导健康的消费，我们组织了这次服装消费调查。请你在紧张的学习之余给我们提供宝贵的信息与意见。					
1. 请问你对潮流的看法？					（　）
A. 追随潮流	B. 标新立异	C. 适合自己的	D. 无所谓		
2. 请问你比较偏好的品牌服饰类型是什么？					（　）
A. 运动服饰	B. 休闲服饰	C. 职业服装	D. 牛仔服饰	E. 其他 ________	
3. 请问你是从什么渠道了解服装品牌的？					（　）
A. 朋友介绍	B. 网站	C. 杂志	D. 广告	E. 其他 ________	
4. 你经常购买的品牌是什么？					（　）
……					

案例 4.1 XX 地区 XX 品牌及竞争品牌市场调查报告

1. 各竞争品牌的橱窗及店内陈列（如表 4.2 ～表 4.4 所示）

橱窗是给人的第一印象，是无声的宣传，却能迅速抓住人的眼球而把顾客吸引到店中。

表 4.2 A 服装品牌陈列调查

<table>
<tr><td rowspan="9">A服装品牌</td><td colspan="3"></td><td colspan="3"></td><td colspan="3"></td><td colspan="3"></td></tr>
<tr><td colspan="3">第一周 旗舰店</td><td colspan="3">第二周 步行街店</td><td colspan="3">第二周 旗舰店</td><td colspan="3">第三周 旗舰店</td></tr>
<tr><td colspan="6">橱窗里以大的海报作为背景，利用一些工艺箱子，纸折类盆景装饰，尽显一片春意盎然的景象，迎合了宣传主题“春日衣橱”，整个店面充满朝气</td><td colspan="3">牛仔区的仔裤展示。高低人台的搭配摆放，顾客很容易了解到货品从裤脚到腰头的着身情况</td><td colspan="3">服装模特组合，动态十分自然和谐，整体感很强，效果很好</td></tr>
<tr><td colspan="6"></td><td colspan="6"></td></tr>
<tr><td colspan="6">第三周 通程店</td><td colspan="6">第四周 旗舰店</td></tr>
<tr><td colspan="6">A 品牌服装活泼艳丽的颜色，使店面充满朝气</td><td colspan="6">服装的摆放整齐划一，不管是衣服的分类摆放还是店内环境，旗舰店始终保持着良好形象</td></tr>
<tr><td colspan="4"></td><td colspan="4"></td><td colspan="4"></td></tr>
<tr><td colspan="4">第二周 八角亭店</td><td colspan="4">第三周 新民路店</td><td colspan="4">第三周 八角亭店</td></tr>
<tr><td colspan="8">相比旗舰店，有些加盟店在维持服装整洁上还做得不够，店面比较乱，对品牌形象还是有一定影响</td><td colspan="4">以服饰销售为主，店内服饰配件，鞋、包之类的销售就不是很好了，不得不让利促销</td></tr>
</table>

表 4.3 B服装品牌阵列调查

<table>
<tr><td rowspan="9">B服装品牌</td><td colspan="3"></td><td colspan="3"></td><td colspan="3"></td><td colspan="3"></td></tr>
<tr><td colspan="3">第一周 新民路店</td><td colspan="3">第二周 新民路店</td><td colspan="3">第三周 新民路店</td><td colspan="3">第四周 八角亭店</td></tr>
<tr><td colspan="12">B品牌的模特一直都少有新意，不论是动态还是排列方式，都没有什么特别的地方，这样一来，就不能起到吸引顾客的作用，仅仅只是一个形式罢了</td></tr>
<tr><td colspan="6"></td><td colspan="6"></td></tr>
<tr><td colspan="6">第一周 通程店</td><td colspan="6">第二周 新民路店</td></tr>
<tr><td colspan="6">简单的陈列，干净利落，只是店内衣物的摆放有些过密，不便顾客行走</td><td colspan="6">将特价牌摆在显眼的位置，配上醒目色彩的格子衬衫，第一时间抓住人们的注意力</td></tr>
<tr><td colspan="4"></td><td colspan="4"></td><td colspan="4"></td></tr>
<tr><td colspan="4">第一周 步行街店</td><td colspan="4">第三周 步行街店</td><td colspan="4">第三周 八角亭店</td></tr>
<tr><td colspan="4">女装区的色调非常和谐，粉色系中带一点亮色，这样的安排颇有一点春天的味道</td><td colspan="4">两件衣服套穿在模特身上，衣领故意立起，衣身也故意不去整平，看似随意，却更显率性，令人眼前一亮</td><td colspan="4">圆形的展示台不但有特色，而且能扩大展示的面积，让店内的空间得到很好的利用</td></tr>
</table>

表 4.4 C服装品牌阵列调查

<table>
<tr><td rowspan="9">C服装品牌</td><td colspan="2">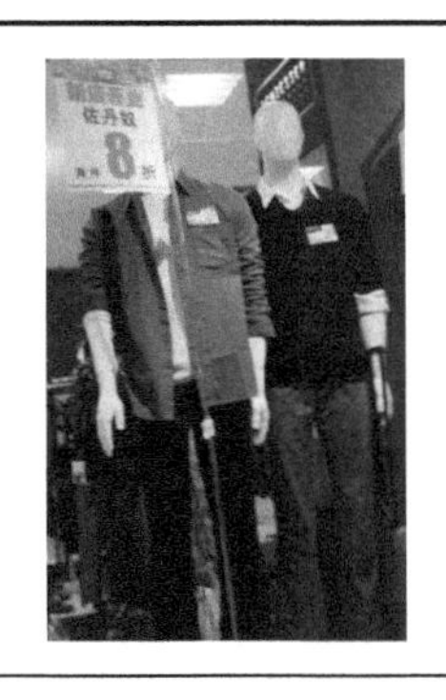</td><td colspan="2"></td><td colspan="2"></td></tr>
<tr><td colspan="2">
第一周　平和堂店</td><td colspan="2">第二周　平和堂店</td><td colspan="2">第四周　通程店</td></tr>
<tr><td colspan="6">本月人模展示的新款服装搭配简洁，顾客可以最直观地了解到新款服装的动态</td></tr>
<tr><td colspan="3"></td><td colspan="3"></td></tr>
<tr><td colspan="3">第四周　八角亭店</td><td colspan="3">第二周　通程店</td></tr>
<tr><td colspan="3">男装展示，上装和下装的交替搭配，结合新颖的海报以及暖暖的灯光，给人一种高雅的格调</td><td colspan="3">Polo衫的摆放，颜色丰富多彩，由浅到深，摆放整洁有序，给顾客强烈的视觉吸引</td></tr>
<tr><td colspan="2"></td><td colspan="2"></td><td colspan="2"></td></tr>
<tr><td colspan="2">第一周　步行街店</td><td colspan="2">第二周　八角亭店</td><td colspan="2">第三周　通程店</td></tr>
<tr><td colspan="2">服饰配件高低交错悬挂在衣服中，打破单一的陈列格局</td><td colspan="2">Polo衫的搭配，阳光休闲</td><td colspan="2">丰富的配件展示给店内注入一些新鲜的元素，且充分利用了空间</td></tr>
</table>

2. 竞争品牌季度主推新款对比调查（如表 4.5 和表 4.6 所示）

表 4.5　A 服装品牌季度新款

第一周	第二周	第三周	第四周
名称：女式针织运动服 颜色：米白 面料：95% 棉、5% 氨纶 价格：140 元	名称：女式针织运动服 颜色：米白 面料：95% 棉、5% 氨纶 价格：140 元	名称：男式衬衫 颜色：红黑蓝条纹 面料：100% 棉 价格：99 元	名称：女式衬衫 颜色：中黄 面料：100% 棉 价格：99 元
休闲类运动服，前胸门襟处是本款的亮点	此款很具学生装味道，简单时尚，比较容易搭配	针对学生消费群体，衬衣类设计尽显休闲风格	泡泡袖、宽身设计，门襟有扣，设计时尚、风格前卫，很彰显女孩子清纯活泼的气息
A 服装品牌主推货品及销售情况分析： 本月春季新款服饰均已上架，颜色多为白灰系列，面料棉和涤纶类较多，外套款式丰富多样，供顾客选择面广。 女装 T 恤颜色非常丰富，多为艳丽的纯色，风格时尚，衣款充满活力，受到年轻活泼女孩子的喜欢，加之价格适中，销售状况很好。 男士纯棉和针织类 T 恤在款式上没有多做考究，颜色也比较丰富，多为纯色和三色横间 T 恤，领子分圆领、V 领、翻领，价格高低不等，适合不同顾客选购，销售情况比较好。 新上市裤装休闲裤多为贴身裁剪设计，修身效果比较好，有些款式裤装配送腰带，有利于其销售。牛仔裤的风格一直变化不大。			

表 4.6　B 服装品牌季度新款

			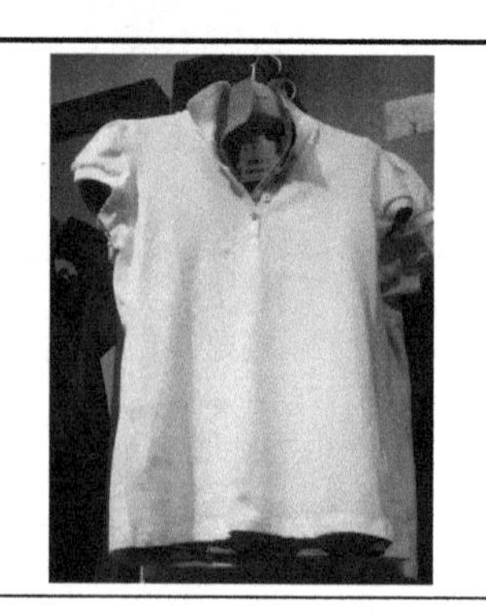
第一周	第二周	第三周	第四周
名称：女长袖衫 颜色：黑、灰 面料： 100% 棉 价格：230 元	名称：女式风衣 颜色：黑 面料：98% 棉、2% 氨纶 价格：380 元	名称：男式 Polo 衫 颜色：灰、黄绿 面料：100% 涤纶 价格：210 元	名称：女花边公主 Polo 衫 颜色：白、粉红 面料：95% 棉、5% 氨纶 价格：120 元

续表

和服式叠搭 V 领口，蕾丝边修饰领边和袖口，花朵图腾印花富有民族特色。蕾丝腰带造型，缎带蝴蝶结调节松紧，提升腰线。	双排扣风衣造型，腰部和袖口环扣襻带设计，可自由调节松紧。	Polo 款型，双面罗纹布，肌理丰富手感柔软，易搭配。	撞色棉花边饰领内贴和中筒，公主袖收肩褶，柔美曲线，斯文可爱，面料吸湿透气。
B 服装品牌主推货品及销售情况分析： 本月 B 品牌，推出不少新款。丰富多彩的 Polo 衫是本月的主打。女士基本款的纯色 Polo 衫颜色十分丰富，有十几种色彩供顾客挑选。撞色花边公主袖 Polo 衫、半开胸公主袖 Polo 衫、修身缎带多彩平纹 Polo 衫等，各色 Polo 衫在细节上虽然只做了微小的变化，但是上身效果却有不同的视觉效果。男式 Polo 衫大多是条纹系列以及条纹印花系列，还有纯色 Polo 衫，在颜色上也是十分丰富的。但是由于天气的影响，Polo 衫的销售情况一般。 基本上 B 品牌每年的这个时候都会推出一系列的圆领纯色短袖 T 恤，今年也不例外，颜色丰富，价格在 30 ～ 40 元。针织线衫也是 B 品牌一直以来的主打。不论男女款走的是休闲、成熟、性感，还是知性的路线，销售效果都较好。			

3. 各竞争品牌的款式价格分析表（如表 4.7 所示）

表 4.7　各竞争品牌的款式价格分析表

女装		A 品牌			B 品牌			C 品牌		
		价格 / 元	色彩	面料	价格 / 元	色彩	面料	价格 / 元	色彩	面料
卫衣	基本	99、120、140	玫红、黑、蓝、中黄	100% 棉	99、159、179、199	黑、米白、白、深蓝、褐、蓝	100% 棉、70% 棉、30% 涤纶	220、260	红、黑、黄、米白、白	100% 棉
	时尚	160、180、200	玫红、黑、翡翠绿、灰	100% 棉	219、239	黑、白、红、灰、绿	15% 涤纶、85% 棉	—	—	—
毛衫	基本	70、80、90、99、120	白、黄、玫红、蓝、绿	100% 棉	99、119、139	褐、深绿、桃红、蓝、黑	15% 涤纶、49.7% 粘纤、35.3% 棉	99、120	灰、白、紫、黑、黄	100% 棉
	时尚	140、160、180	黑、紫、玫红、灰	100% 棉	179、199、200、240	深蓝、米白、黑、白、灰	21.1% 涤纶、78.9% 棉	280	白、黑	100% 棉
衬衫	基本	120	黑、白	100% 棉	89、99、159	红、黑、紫、绿、米白	100% 棉	—	—	—
	时尚	140	深湖绿、大红	99.6% 棉、0.4% 涤纶	119、139、159	蓝、黑、白、黄	100% 棉	120	白、灰	100% 棉
T 恤		35、40、50、60	蓝、红、白、玫红、黄	100% 棉	79、89、99、109、119、139	白、黑、褐、紫、黄、蓝	100% 棉	80、100	黄、绿、蓝、粉红	100% 棉
		55、70、90、99、120	白、蓝、紫、橘、红、灰	100% 棉	—	—	—	—	—	—
外套	基本	99、120、140、160、180	红、玫红、黑、米白、蓝、深蓝、紫、灰	100% 涤纶、100% 棉、77% 棉、23% 涤纶	179、199、219、299、319	黑、蓝、白、红、灰	100% 锦纶、100% 亚麻	240、350	咖啡、黑、白、米灰	100% 涤纶、100% 棉
	时尚	200、230、280	黑、白、蓝、玫红、黄	62% 涤纶、38% 锦纶、100% 锦纶	399、499、549、599	灰、黑、白、蓝、紫、黄	涤纶 100%、16.1% 羊毛、93.9% 棉	—	—	—
牛仔裤	基本	120、140	宝蓝、灰蓝	100% 棉、69% 棉、29% 涤纶、2% 氯纶	119、139、159、179	蓝、黑、灰	2.9% 氨纶、97.1% 棉	99、120、150	蓝、黑灰	100% 棉
	时尚	160、180	宝蓝、靛蓝、黑蓝、深蓝、深黑、中蓝	99.3% 棉、0.7% 氨纶、76.5% 棉、22% 氨纶	219、269	黑、深蓝、浅灰	100% 棉、0.3% 其他面料、99.7% 棉	180	水洗蓝、深蓝、深灰	100% 棉
休闲裤	基本	99、120	黑、草绿、咖啡、灰	100% 棉	119、139、159	米黄、黑、棕、米白	100% 涤纶、100% 棉	99、120	黑、灰、卡其	100% 棉

案例 4.2 XX 地区大学生课余生活调查报告（如表 4.8 所示）

表 4.8 大学生业余着装调查

以上图片均来自校园街头学生群体着装。

1. 本月气温不高，阴雨连连。短裙、丝袜与靴子的组合搭配受到很多女生的青睐，这样不仅展现了自己的身材，也非常时尚。

2. 由于气温不高，各式各样的冬装又重新出现在校园中，仿佛回到了冬季。

3. 在这个季节，一顶适合自己的帽子绝对是顶好的搭配。帽子在春雨绵绵的季节，既可以遮雨又能很好地体现时尚气息。同样，连帽衫也是不错的选择。

4. 各种新面料的推出，丰富了我们的视野，也使服装款式得到了极大的变化空间，但唯有牛仔裤永不落伍。

2 查阅书籍

服装是时尚、流行的产业，且跟随市场流行的趋势不断变化更新。而反映市场潮流的信息载体之一就是时尚杂志，它是受广大时尚、潮流爱好者关注的刊物，代表着流行的趋势和方向。查阅书刊杂志常常可以发现新颖的款式，带来新的流行信息和创作灵感，如图 4.1 ～图 4.4 所示。

图 4.1　杂志封面（一）

图 4.2　杂志封面（二）

图 4.3　杂志封面（三）

图 4.4　杂志封面（ 四）

3 资讯网站

随着行业的资讯需求，很多商家也瞄准了设计师市场，专门创建了服装资讯网站。此类网站集结了各种形式的流行新动态包括图片、照片、手稿、视频等。当信息转化成了商业产品，设计者在家里就可以掌握了解很多的市场流行信息，因此深受大家喜爱。除一些收费网站外，还有很多专业论坛和信息网站提供部分免费的图片素材，如穿针引线论坛、77EF 网等，如图 4.5 ～图 4.8 所示。

图 4.5　资讯网站（一）

图 4.6　资讯网站（二）

图 4.7　素材网站（一）

图 4.8　素材网站（二）

4 其他灵感

对于一位优秀的设计者来讲，流行信息无处不在，随时随地随景都会让他产生灵感。例如，优美的风景、动物的造型、现代个性的建筑物造型色彩等，都可能给设计者新的思维启发；在家看电视或看电影时的场景、人物造型也是设计的灵感来源，优秀的设计者要善于关注生活，发现灵感，如图 4.9 ～图 4.12 所示。

图 4.9 图案素材

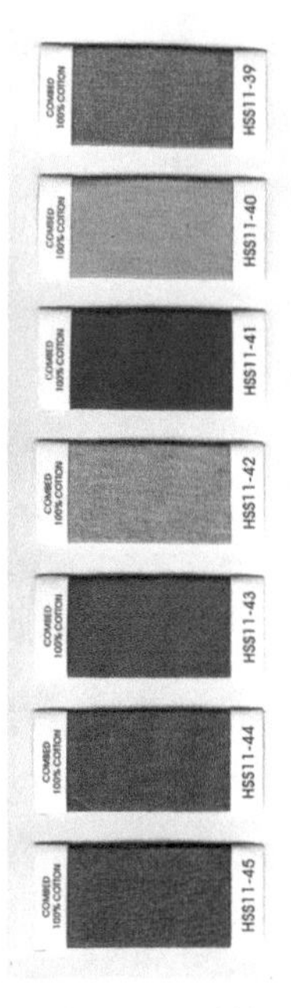

图 4.10 面料

图 4.11 灵感来源（一）

图 4.12 灵感来源（二）

方法与实践 2：信息筛选处理

随着社会的进步发展，科技的日益更新，信息的收集方式和渠道越来越趋于多样化。在这些泛滥的信息堆中，设计者必须要有所筛选，提取能为自己的品牌、自己的设计所用的信息和素材，因此设计者需要对信息进行处理和选择。

1 确定服装品牌的风格定位

任何一个服装品牌都有着自己的定位，要根据市场环境、市场需求、消费群体，来决定品牌产品的价格定位、产品风格定位等。设计者只有对定位把握准了，才能设计出符合品牌、符合市场、符合消费者喜好的产品，如图 4.13 所示。

(一) MAKENO 品牌定位

品牌名称	MAKENO	品牌标识	MAKENO
品牌产地	中国XXX		
品牌风格	中性、摩登、浪漫、职业的欧式风情		
品牌理念	MAKENO关注时尚文化思潮，关注流行音乐，关注艺术领域的每一个细节，关注精致的传统工艺和现代的流行时尚设计，她不是巧言的天使亦不是迷幻的魔鬼，她只是新文化的思想领袖和着衣典范 MAKENO 致力于打造都市知性女性舒适轻松，时尚、简约、大方的穿衣新理念，通过服装为载体，传递个性时尚的设计，提升生活和灵魂的高度，彻底掌握和享受变幻莫测的都市生活节奏，将知性女性的内心旋律展示为五彩缤纷的外在气质。		
目标人群	23~35岁的都市女性（已婚或未婚，是家庭或生活或工作的主角，拥有独立上进的个性）		
心理年龄	25~28岁（成熟而又纯真的心灵）		
收入水平	2000元以上/月,于都市里的白领阶层，收入中等或中等偏上		
居住习惯	多住在高档小区，白领公寓范围内，附近交通便利，出行方式为地铁、自驾车或公交车		
个性分析	有创意，浪漫，对任何事物见解独到，内心纯真，环保，知性，外在表现为都市的摩登形象，渴望生活丰富多彩，不拘泥于固有观念，自立、睿智且积极向上的个性		
生活习惯	对聚会、旅行、电影、音乐、书籍充满兴趣，喜欢摄影，喜欢时尚文化艺术		

图 4.13　品牌定位

2 把握市场流行的趋势

服装是一个时尚的产业，受市场的流行动态所影响。从事服装设计需要设计者有敏锐的洞察力和对流行元素的捕捉能力，这样才能很好地把握市场的需求，如图 4.14 所示。

图 4.14　流行资讯收集

3 与竞争品牌的对比

中国有句俗话说“知己知彼，百战不殆”，要使自己的品牌在市场上能长时间地保持一定地位，受广大消费者的喜爱，在了解自己的同时更应该了解自己的竞争对手，这样设计出来的产品才会更受顾客的青睐，如图4.15～图4.18所示。

图4.15　基础款同档次定位

图4.16　时尚款同档次定位

图 4.17　形象款同档次定位

图 4.18　礼服款同档次定位

方法与实践 3：确定季度开发的定位

服装品牌每个季度都有自己的设计主题，这需要设计者在了解市场、收集素材的时候，紧扣主题以形成独特的系列风格。

案例 4.3 为品牌季度开发定位

设计开发主题：爱在 70 年代（如图 4.19 所示）。

追溯 20 世纪 70 年代的自由随性态度，优雅轮廓和细节运用于夏季系列中，浓郁色彩与波西米亚风构成绚丽舞台，融合民族风与都市风打造新 70 年代，散发更多的性感女人味。手工细节与高科技面料结合，利落裁剪的套装或外套下包裹着飘逸的长裙或喇叭形长裤，典雅的制服风格让春夏季的选择不再单调乏味（如图 4.20 所示）。

图 4.19
主题款式

图 4.20
制服风格

主题色彩搭配：2018 年春夏主题色彩搭配方案如图 4.21 所示。

（a）春季

（b）夏季

图 4.21　色彩方案

面、辅料的配备：设计者要根据不同的主题风格和服装款式特征选择面辅料，因为材料是构成服装的重要组成部分，同样的款式不同的材料所做出的成品会有完全不一样的效果。因此，选取合适的面辅料至关重要，如图 4.22 ～图 4.24 所示。

图 4.22　设计主题

图 4.23　面、辅料（一）

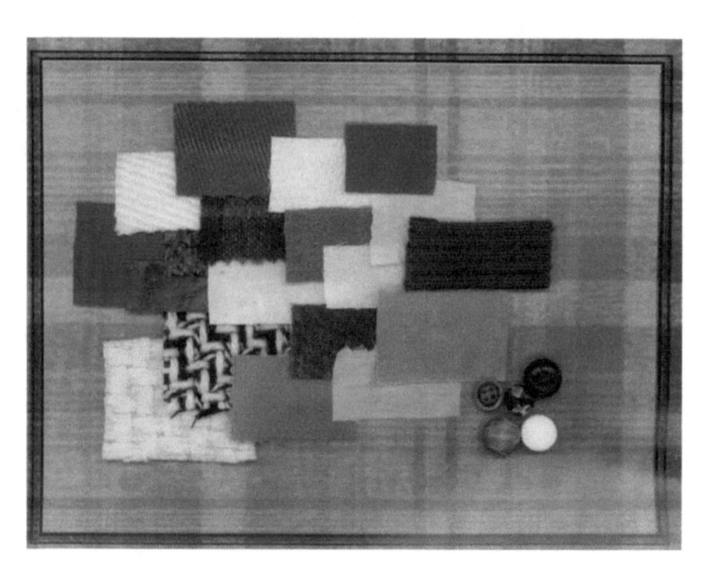

图 4.24　面、辅料（二）

任务 4.2 绘制款式造型并设计任务书

【任务要求】　根据市场的调研、信息的收集与整理绘制设计草图，再利用前面所学习的方法熟练掌握款式图、效果图的绘制，结合计算机绘图软件绘制出产品款式图和设计制单。

方法与实践：绘制效果图

1 绘制效果图

效果图的绘制表现，在设计创作中能形象直观地表现出产品设计成型的效果，但是绘制的过程相对比较复杂。所以在服装的开发过程中，绘制效果图的设计企业相对较少，尤其是款式相对普通简单时，设计师一般都直接绘制款式图表达设计意图。但是在时装、晚装礼服、造型夸张的表演服等服装设计上，绘制效果图还是十分必要的，如图 4.25 ～图 4.27 所示。

图 4.25　绘制效果图

图 4.26　效果图（一）

图 4.27　效果图（二）

2 绘制款式图

款式图是在服装产品开发中最常用的设计表现形式，它简洁明了、结构分明，无论是绘制的过程还是款式特征的表现都比较简单，方便操作，加上一些文字标注说明，就能比较直观的指导纸样制作和产品生产，如图 4.28 所示。

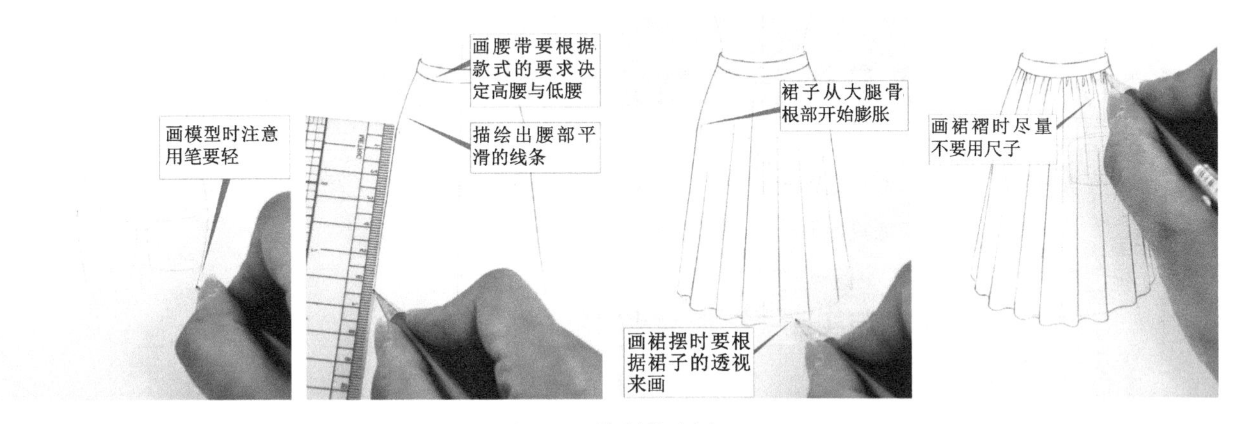

图 4.28　绘制款式图

3 电脑辅助绘制

随着计算机的普及应用，服装设计领域不再局限于原来的手绘款式图、效果图，大量的设计工作都可以通过电脑辅助绘制来完成。其中常用的绘图软件有 CorelDRAW、Photoshop、Illustrator 等工具软件。电脑辅助绘制比手工绘制更有优势，它方便修改、储存设计稿，绘制快捷、效果美观。所以，练好手绘效果图、款式图，具备较好的手绘功底后，再学习电脑绘制，设计开发产品的工作效率将会有很大提高，如图 4.29 所示。

图 4.29　电脑辅助设计

任务4.3 成品设计、制定生产工艺单

【任务要求】 根据绘制出的款式图，制作出设计制单和生产工艺单。制单的要求需根据企业的要求来完成，因此需要对企业各部门进行参观、调研。

方法与实践：绘制设计制单与生产工艺单

1 绘制设计制单

设计制单是设计者对设计作品工业化的一种说明，企业俗称设计指令。它是集结设计款式图、色彩分析、面辅料、图案、工艺要求于一体的详细说明单，能达到看到设计制单就能基本在脑海中想象出成品的效果，如图4.30和图4.31所示。

图4.30 样板制作单

图4.31 印花制作单

2 绘制服装生产制单

服装生产制单是设计款式的生产说明单，是产品根据纸样、裁片制成成品的具体要求，俗称生产指令。它包括尺寸规格、车缝要求、车唛方法、包装要求、码数规格、颜色及细码分配、裁床要求、交货进展时间等，如图 4.32 和图 4.33 所示。

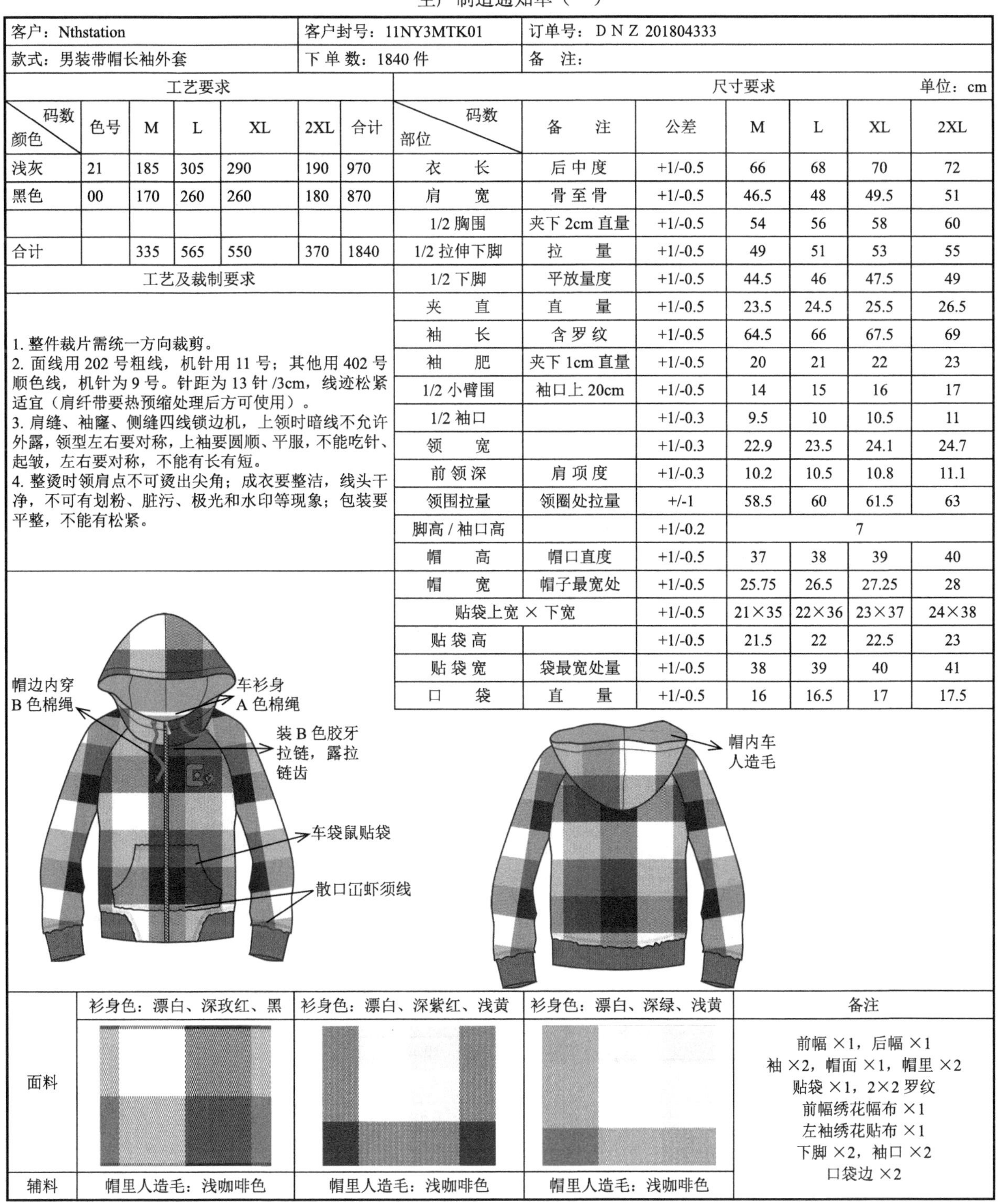

Nthstation 服饰

生产制造通知单（一）

客户：Nthstation	客户封号：11NY3MTK01	订单号：D N Z 201804333
款式：男装带帽长袖外套	下单数：1840 件	备　注：

工艺要求

码数 / 颜色	色号	M	L	XL	2XL	合计
浅灰	21	185	305	290	190	970
黑色	00	170	260	260	180	870
合计		335	565	550	370	1840

工艺及裁制要求

1. 整件裁片需统一方向裁剪。
2. 面线用 202 号粗线，机针用 11 号；其他用 402 号顺色线，机针为 9 号。针距为 13 针 /3cm，线迹松紧适宜（肩纤带要热预缩处理后方可使用）。
3. 肩缝、袖窿、侧缝四线锁边机，上领时暗线不允许外露，领型左右要对称，上袖要圆顺、平服，不能吃针、起皱，左右要对称，不能有长有短。
4. 整烫时领肩点不可烫出尖角；成衣要整洁，线头干净，不可有划粉、脏污、极光和水印等现象；包装要平整，不能有松紧。

尺寸要求　　单位：cm

码数 / 部位	备　注	公差	M	L	XL	2XL
衣　长	后中度	+1/-0.5	66	68	70	72
肩　宽	骨至骨	+1/-0.5	46.5	48	49.5	51
1/2 胸围	夹下 2cm 直量	+1/-0.5	54	56	58	60
1/2 拉伸下脚	拉　量	+1/-0.5	49	51	53	55
1/2 下脚	平放量度	+1/-0.5	44.5	46	47.5	49
夹　直	直　量	+1/-0.5	23.5	24.5	25.5	26.5
袖　长	含罗纹	+1/-0.5	64.5	66	67.5	69
袖　肥	夹下 1cm 直量	+1/-0.5	20	21	22	23
1/2 小臂围	袖口上 20cm	+1/-0.5	14	15	16	17
1/2 袖口		+1/-0.3	9.5	10	10.5	11
领　宽		+1/-0.3	22.9	23.5	24.1	24.7
前领深	肩项度	+1/-0.3	10.2	10.5	10.8	11.1
领围拉量	领圈处拉量	+/-1	58.5	60	61.5	63
脚高 / 袖口高		+1/-0.2	7			
帽　高	帽口直度	+1/-0.5	37	38	39	40
帽　宽	帽子最宽处	+1/-0.5	25.75	26.5	27.25	28
贴袋上宽 × 下宽		+1/-0.5	21×35	22×36	23×37	24×38
贴袋高		+1/-0.5	21.5	22	22.5	23
贴袋宽	袋最宽处量	+1/-0.5	38	39	40	41
口　袋	直　量	+1/-0.5	16	16.5	17	17.5

	衫身色：漂白、深玫红、黑	衫身色：漂白、深紫红、浅黄	衫身色：漂白、深绿、浅黄	备注
面料				前幅 ×1，后幅 ×1 袖 ×2，帽面 ×1，帽里 ×2 贴袋 ×1，2×2 罗纹 前幅绣花幅布 ×1 左袖绣花贴布 ×1 下脚 ×2，袖口 ×2 口袋边 ×2
辅料	帽里人造毛：浅咖啡色	帽里人造毛：浅咖啡色	帽里人造毛：浅咖啡色	

图 4.32　生产工艺单（一）

Nthstation 服饰

生产制造通知单（二）

客户：Nthstation	客户封号：NY3MTK01	订单号：D N Z 201804333
款式：男装带帽长袖外套	下 单 数：2018 件	备 注：

实物样		实用部位			
主唛 尺码唛	单耗： 1 枚 / 件	主唛 尺码唛	主唛摄车于包领条底端左右分中处，尺码唛车于主唛左侧（穿起计）		M 分码

洗水唛	单耗： 1 枚 / 件	洗水唛摄车于内左侧后片距脚底端 10cm 处（穿起计）	挂牌挂在主唛上 （具体见实样）	挂牌： 主挂牌 防伪挂牌 护理卡 合格证 吊绳（20cm）

（印）绣花图（非 1∶1 图）		包装及装箱要求
NATIONALS 28cm 帽子绣花	DC Washington 8cm 前幅绣花	1. 平烫后折衣，每件摄入一张拷贝纸，一圆纸入一单件包装袋。 2. 包装时领圈用胶夹固定。 3. 要注意检查合格产品的名称、款号、规格及色号，必须要与实际产品相符。 4. 包装时单款、单色、单码入箱，50 件一箱，尾箱可混装，不可有串款、串色、串码等现象，外箱注明箱号、款号、颜色、色号、码数、数量。
6cm 左幅绣花	W 10.5cm 右袖绣花	
审核：	收单：	

图 4.33 生产工艺单（二）

任务 4.4 成品展示与销售

【任务要求】　对系列产品进行终端规划，其中包括服装款式色彩的搭配、陈列的形态、主题橱窗风格等。要求制作陈列手册、色彩搭配方案、橱窗主题风格等设计。

方法与实践：展示与销售成品

1 主题的风格展示

设计主题不仅要与品牌的风格定位相吻合，同时系列主题感突出能吸引顾客的购买，投其所好的主题设计和橱窗的展示能给产品的销售带来很大的推动，如图 4.34 和图 4.35 所示。

图 4.34　主题风格展示

图 4.35　店面展示

2 产品的色彩搭配

产品色彩的搭配要协调统一，符合品牌专卖店的整体风格，使店面有着良好的氛围。好的款式、色彩搭配可以吸引更多的消费者，如图4.36和图4.37所示。

2018春一/春二色系关系

有彩色

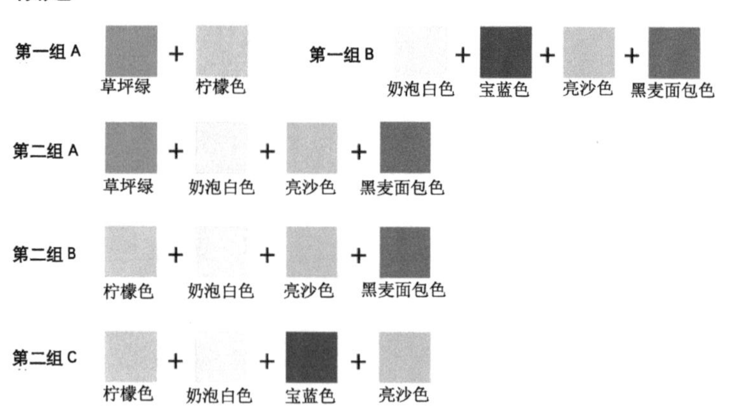

第一组色块之间的搭配关系：A. 草坪绿 + 柠檬色
B. 奶泡白色 + 宝蓝色 + 亮沙色 + 黑麦面包色

陈列要点：第一组的陈列方式比较适用于一个墙面，A的色彩视觉冲击力比较强，应该在店铺前场出样，货架不要超过一个，以大色块的排序进行陈列。

第二组色块之间的搭配关系：A. 草坪绿 + 奶泡白色 + 亮沙色 + 黑麦面包色
B. 柠檬色 + 奶泡白色 + 亮沙色 + 黑麦面包色
C. 柠檬色 + 奶泡白色 + 宝蓝色 + 亮沙色

陈列要点：第二组的陈列方式分别有三种组合形式，其中宝蓝色、草坪绿、柠檬色作为调场色，分别与亮沙色、奶泡白色、黑麦面包色作搭配。货架超过两个以上，以大色块的排序方式进行陈列。

基础色

陈列要点：亮橙色由于颜色较亮，建议摆放在卡其油灰色和墨黑眼影色之间，起平衡协调作用。

★卡其油灰色：墨黑眼影色、奶泡白色等基础调场色可与草坪绿等亮色进行搭配。

图 4.36　色彩搭配方案

2018 春二内场模拟布局

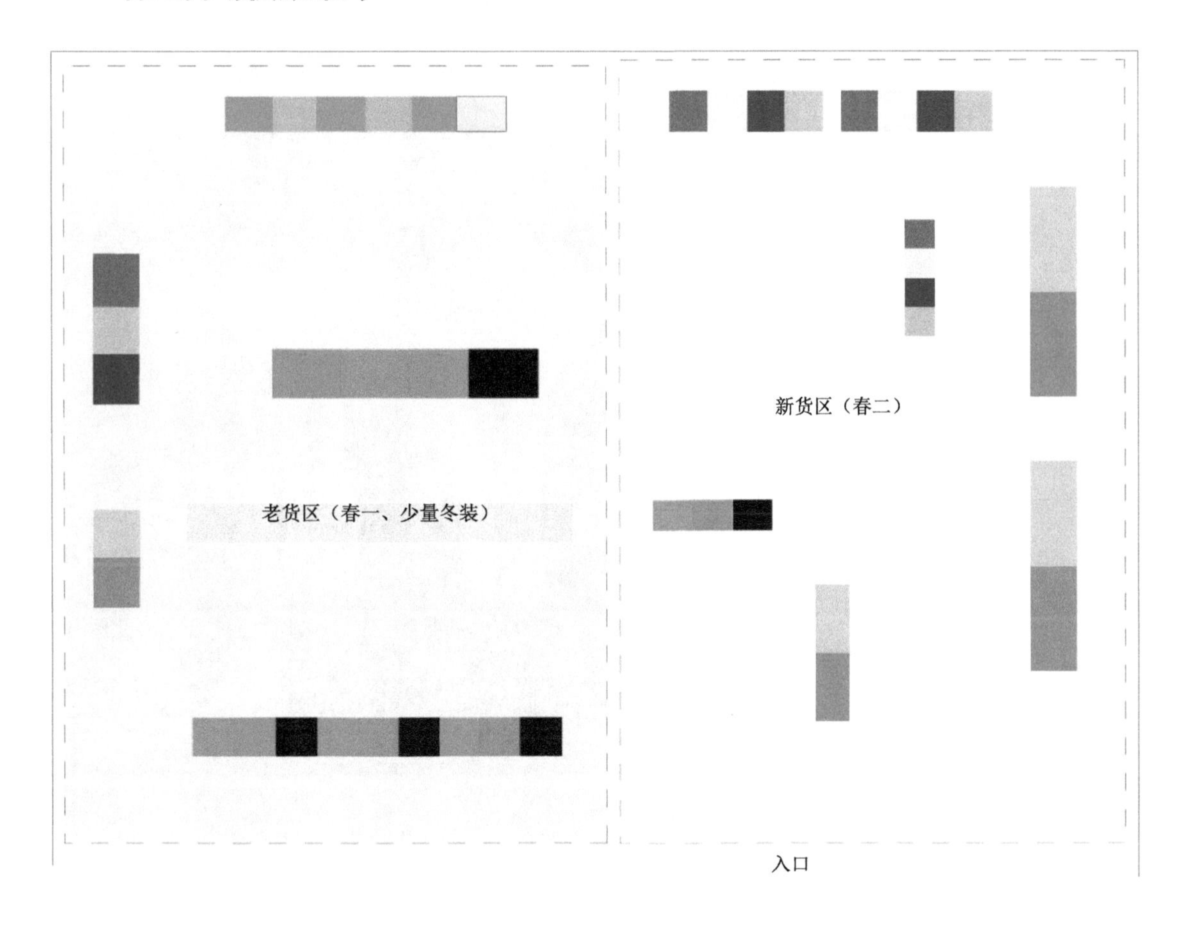

陈列要点：春二期仍旧是一个较大的波段，款式相对较多，所以在货品布局时将春一货品整体往后场区域推进，将整个新 品区域留给春二期货品，以便容纳。

店铺可根据实际的货量选择将春一、二期货品结合摆放，也可分开区域摆放。

★ 应节庆需求，本次吊挂区域采用了卡其油灰色 + 亮橙色 + 墨黑眼影色的色彩组搭，款式多选择场合片类型，以突出节庆的需要和氛围。

橱窗方案同春一。

图 4.37　色彩陈列布局

3 产品的陈列展示

这里列举几个产品陈列展示的案例，如图 4.38 ～图 4.41 所示。

2018 春二内场陈列（图例）

亮沙色

+

宝蓝色

+

奶泡白色

+

黑麦面包色

草坪绿

+

柠檬色

陈列要点：本次侧挂的色彩组合采用了第一组的陈列方式，将草坪绿和柠檬色进行色彩的对撞，以强烈的色彩效果吸引顾客；其他颜色的组合则保持了较温和的调性。

图 4.38　陈列展示（一）

2018 春二内场陈列（图例）

陈列要点：侧挂附近的 PP 点需要配合侧挂进行重点展示和推荐。
展台陈列需要注意货品的丰富度和产品种类的多样化。

图 4.39 陈列展示（二）

2018春——陈列（图例）

图4.40 陈列展示（三）

陈列要点：中性色也称无彩色，由黑、白和灰三种色彩组成。中性色常常在色彩的搭配中起间隔和调和的作用，在陈列中运用非常广泛。善于使用中性色，对服装陈列将起到事半功倍的效果。

这几组陈列都采用了灰色，在色彩对比较大的陈列中起到调和作用。

2018 春二内场陈列（图例）

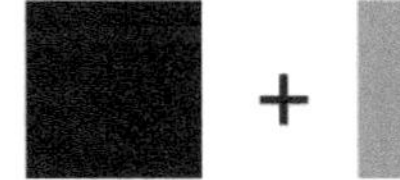

墨黑眼影色　＋　亮橙色　＋　卡其油灰色

陈列要点：为了呼应节庆气氛，吊挂区域选择了亮橙色作为主打颜色。由于吊挂区域较长，分别采用墨黑眼影色、卡其油灰色进行组搭。

图 4.41　陈列展示（四）

任务4.5 课堂训练与课后练习

款式欣赏：参考款式图

进行过款式造型设计实践后，下面我们欣赏一些款式图，为以后的造型设计提供参考，如图 4.42 所示。

图 4.42　参考款式图

图 4.42　参考款式图（续）

图 4.42　参考款式图（续）

图 4.42 参考款式图（续）

图4.42　参考款式图（续）

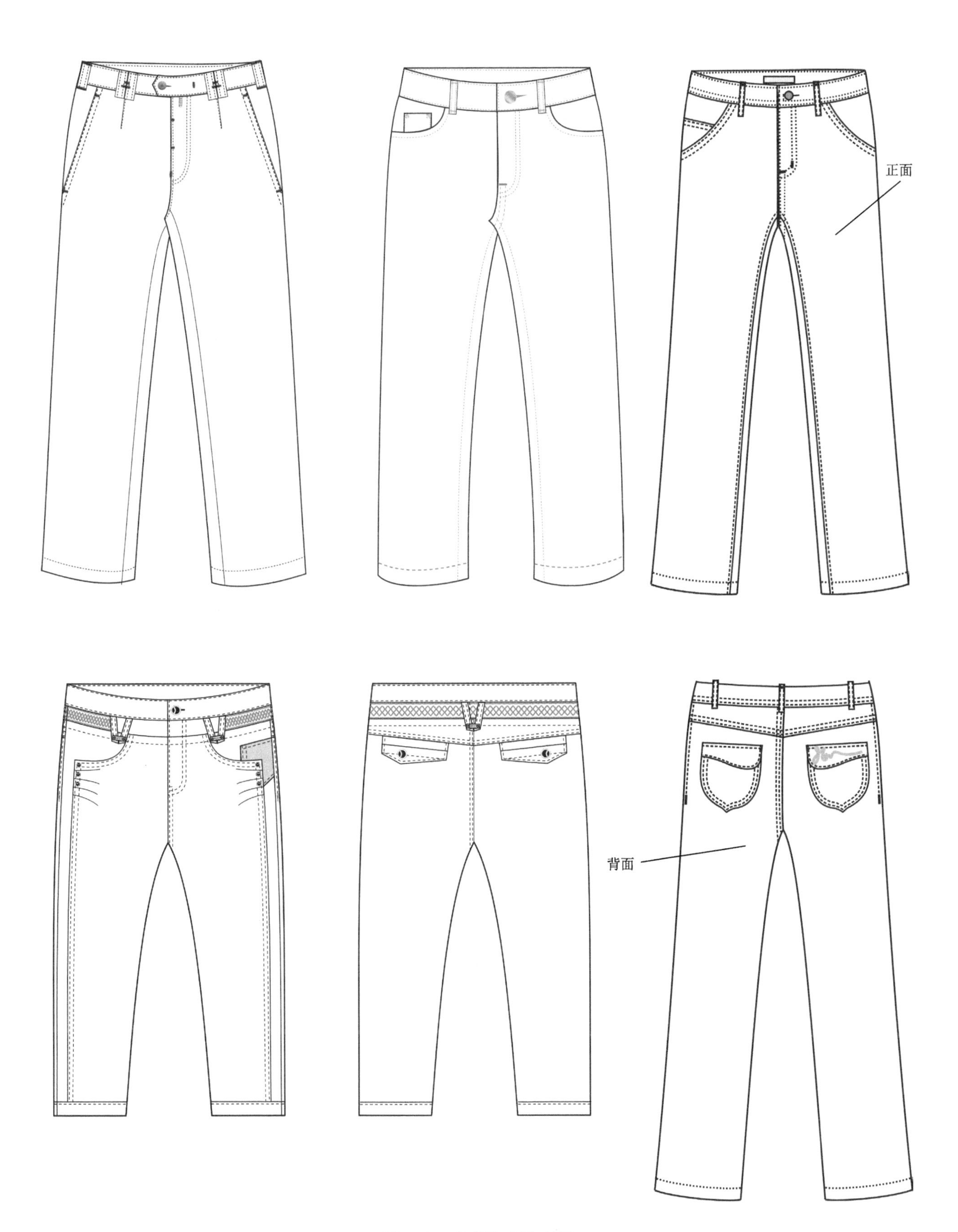

图 4.42　参考款式图（续）

图 4.42　参考款式图（续）

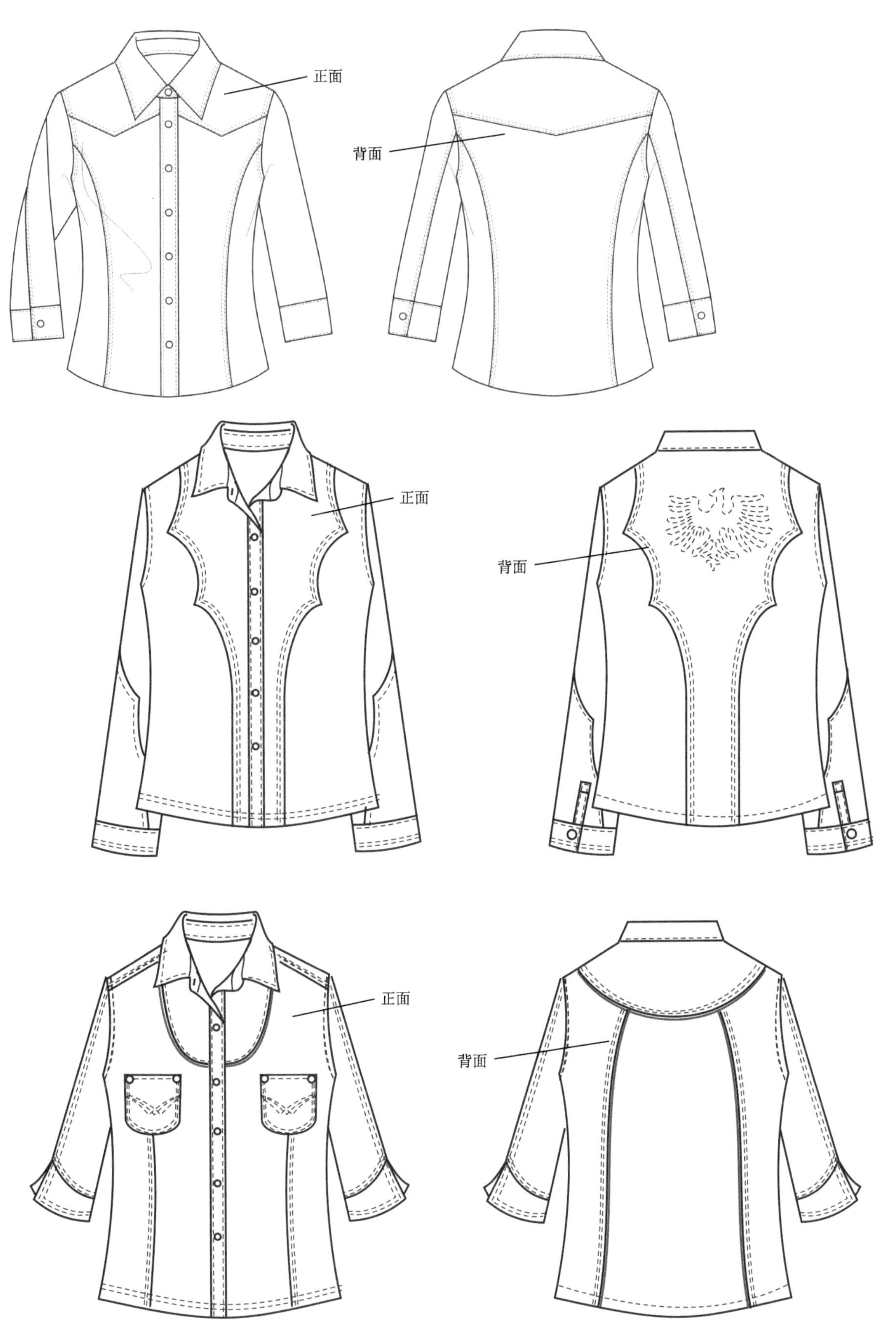

图 4.42　参考款式图（续）

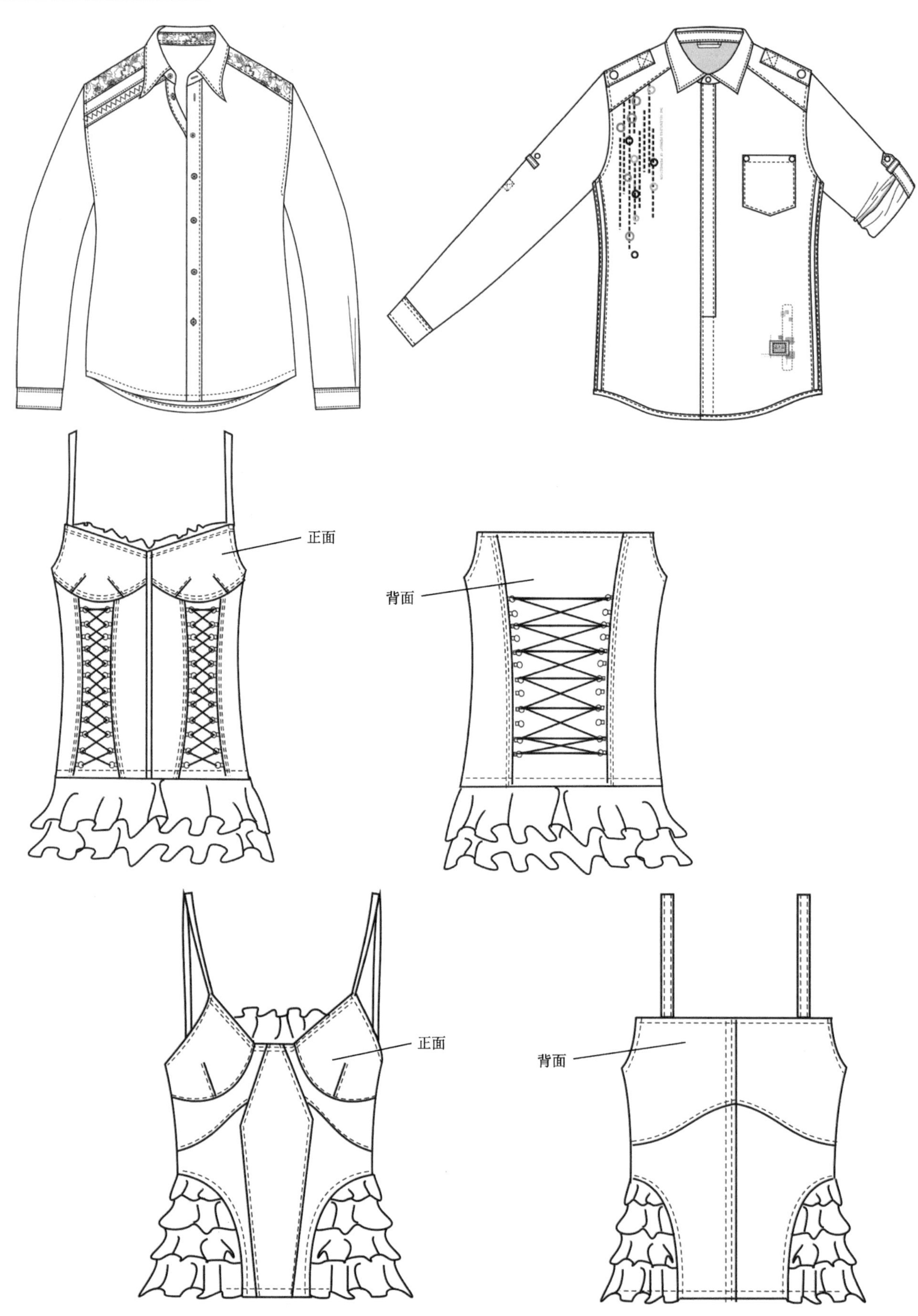

图4.42 参考款式图（续）

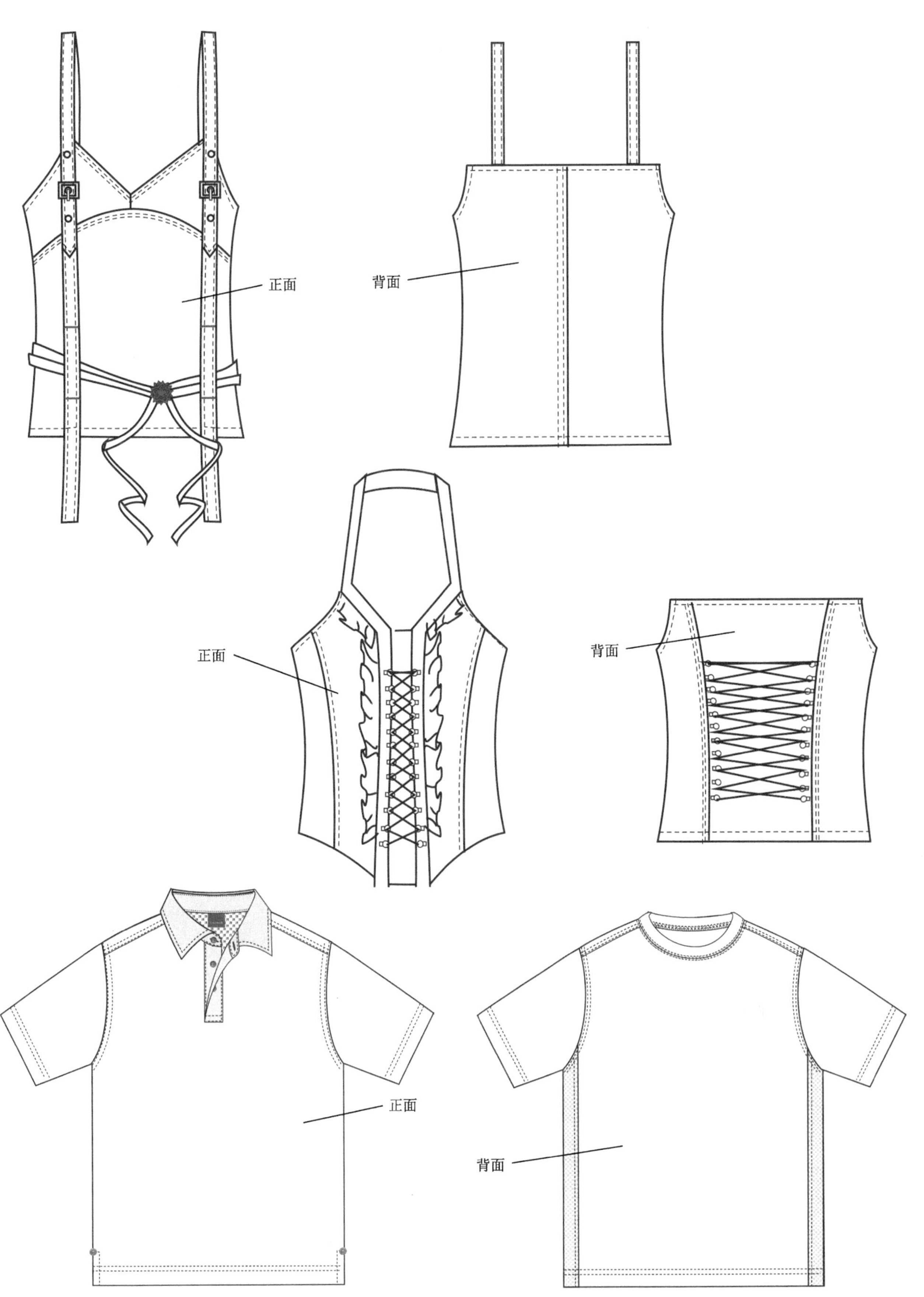

图 4.42　参考款式图（续）

图4.42　参考款式图（续）

图 4.42　参考款式图（续）

作业布置：开发某季度系列产品

任务要求：

以小组为单位每组选择一个熟悉的服装品牌或自己拟定一个服装品牌，根据品牌的定位，进行某季度产品的开发。

撰写市场调查分析报告一份；设计系列、款式，表明色彩、面辅料搭配；绘制设计生产制单；跟进产品的生产过程；撰写成品的色彩搭配与陈列展示方案一份。

能力培养目标：

1. 为学生就业从事设计师助理、设计师岗位打下铺垫。

2. 培养学生的团队合作能力，增强团队合作意识。

3. 对服装品牌进行市场调查，以提高学生对市场的调查能力和分析能力。

4. 提高款式、效果图绘制的水平，熟悉产品开发到销售的流程，提高开发的综合能力。

5. 对服装市场企业进行深入了解，在实战环境中历练成长。

任务操作过程：

1. 安排分组并确定小组团队负责人（主设计师）。

2. 确定开发的品牌，由负责人分工安排任务，制订实施计划。

3. 分析品牌定位，收集信息并讨论确定设计思路。

4. 根据设计制单、绘制出款式图、效果图。

5. 根据工业生产要求绘制设计制单、生产制单。

6. 成品制作。

7. 成品展示、搭配陈列，展示评分。

成绩考核与评分：

本项目的考核可以从以下几方面进行：

1. 市场调查报告：各小组完成调查报告上交纸质和电子档各一份，由老师统一评分，并将有代表性的优秀报告展示给大家学习，老师对每组的报告做好点评，指出优点和不足。

2. 设计图稿、设计生产制单：进行展示，各小组相互学习点评，老师总结分析。

3. 成品展示与搭配：请各组分别派出一名代表进行介绍，再由各组相互点评，最后老师点评分析。

4. 所有的项目评比过程，除了老师评比指导外，还要有企业的设计师、工艺师、纸样师等各部门的技术人员同时评比，并给出企业评分。

主要参考文献

陈耕，吴晶．2007．现代服装画技法．长沙：湖南人民出版社．

胡晓东．2009．服装设计图人体动态与着装表现技法．武汉：湖北美术出版社．

唐伟（唐心野），刘琼，曹罗飞．2014．时装设计效果图手绘表现技法．北京：人民邮电出版社．

王浙．2008．时装画人体资料大全．上海：上海人民美术出版社．

吴晓菁．2009．服装流行趋势调查与预测．北京：中国纺织出版社．